U0166140

数学的故事

一部有趣得让你睡不着的数学简史

王艳超◎编著

文化发展出版社
Cultural Development Press

图书在版编目（CIP）数据

数学的故事 / 王艳超编著 . — 北京 ：文化发展出
版社， 2020.7

ISBN 978-7-5142-3047-5

Ⅰ . ①数… Ⅱ . ①王… Ⅲ . ①数学－普及读物 Ⅳ .
① 01-49

中国版本图书馆 CIP 数据核字（2020）第 115299 号

数学的故事

编　　著：王艳超

责任编辑：侯　铮
产品经理：杨郭君
监　　制：白　丁
出版发行：文化发展出版社有限公司（北京市翠微路 2 号）
网　　址：www.wenhuafazhan.com
经　　销：各地新华书店
印　　刷：天津旭丰源印刷有限公司

开　　本：700mm×980mm　1/16
字　　数：174 千字
印　　张：16
版　　次：2020 年 9 月第 1 版　2020 年 9 月第 1 次印刷
Ｉ Ｓ Ｂ Ｎ ：978-7-5142-3047-5
定　　价：39.80 元

本书若有质量问题，请拨打电话：010-82069336

前言

　　说起数学，你会想到什么？你可能会想到我们熟悉的加减乘除，可能会想到我们张口就来的九九乘法表口诀，也可能会想到那些让人感觉枯燥乏味的定理和公式。那你有没有想过，数学是怎么产生的呢？发明数学的人，是怎么发明的呢？他们又是怎么想的呢？

　　在人类所有的发明中，数学可以算是最古老的。从人类开始有历史的时候，就有了数学。其实，数学和文学、艺术或者经济一样，都是人类不断探索和努力得来的成果。在光辉灿烂的五千年历史画卷中，一幅幅壮丽的数学画面，勾画了人类在生活与生产过程中，发明创造数学的曲折道路，也记录了数学史上的重要事件、数学大师和伟大成果。

　　今天，数学在各个领域都有广泛的应用。我们现在所学习和使用的数学，虽然和古代的数学有很大的不同，但也是经过几千年的时间发展而来的，是多少代人的劳动成果。数学已有深厚的历史积淀，未来必定会有更进一步的发展。

　　我们知道，有很多孩子数学学得不好，要想让孩子学好数学，尤其是针对不同水平的孩子，一定要首先弄明白他们各自的问题出在哪里。其实大多数孩子，特别是低年级的孩子，很容易对一件事产生好奇心，这种好奇心会引导他们去了解整件事情的来龙去脉。学习数学也是一样的道理，只有让他们对数学产生好奇心，才能引导他们去了解他们需要知道的数学过程。那么，怎样才能让孩子对数学产生好奇心呢？给他们讲关于数学的故事是个不错的方法。故事本身如果非常有趣，孩子就会记住它，就能了解数学家成功的喜悦和失败的教训。一幅幅动人的故事画面，给孩子们以深刻启迪，为他们留下终生难忘的印象，由此产生追求数学知识的勇气。

本书以"尊重史料，突出重点"为准则，采用通俗易懂、生动活泼的语言，以讲故事的方式，向孩子们介绍了数学的起源，以及数学是如何随着人类社会的进步和变革逐渐发展至今的。由于数学并不是孤立的学科，数学家也不是脱离社会研究数学的，所以书中所讲的故事，有些必然会涉及数学之外的一些学科，也必然会串联一些其他科学家的故事。本书旨在通过这些妙趣横生的故事，来激发孩子们学习数学的兴趣，使他们领略到数学的迷人魅力，从而使他们爱上数学这门学科。

由于作者水平有限，本书一定存在许多缺点和不足之处，恳请读者批评指正。

目录

第一章 残砖碎瓦里的数学起源

第一节 原始人也会算算术 / 002

第二节 泥土板上的数学 / 006

第三节 纸草书上的数学 / 010

第四节 数学和天文学的不解之缘 / 015

第二章 重视数学的古希腊人

第一节 泰勒斯：古希腊第一个数学家 / 020

第二节 勾股定理的发现源自一顿晚餐？ / 026

第三节 第一次数学危机是怎样爆发的 / 031

第四节 芝诺说：阿喀琉斯跑不过乌龟 / 034

第五节 柏拉图的数学理念世界 / 037

第六节 测量地球周长的人 / 041

第七节 希腊数学的黄金时代——《几何原本》 / 044

第八节 数学之神阿基米德 / 048

第九节 西塞罗给"数学"起名 / 052

第十节 历史上第一个女数学家 / 056

第三章　中国古代数学瑰宝

第一节　先秦时代的六艺之一 / 060

第二节　《周髀算经》里的勾股定理 / 064

第三节　中国古代第一部数学专著——《九章算术》 / 067

第四节　中国古代数学的高峰——《数书九章》 / 070

第五节　刘徽的割圆术 / 074

第六节　书香之家出身的祖冲之 / 077

第七节　和尚数学家僧一行 / 081

第八节　会造桥和打仗的秦九韶 / 084

第九节　贾宪三角形 / 088

第四章　与宗教离不开的古印度数学

第一节　宗教带来的数学启示 / 092

第二节　《绳法经》和佛经 / 094

第三节　0是怎么出现的 / 097

第四节　最早的印度数学家阿耶波多 / 100

第五节　会解不定方程的婆罗摩笈多 / 103

第六节　南印度的数学天才马哈维拉 / 106

第七节　为女儿写作的数学家——婆什迦罗 / 109

第八节　印度人发明了阿拉伯数字 / 112

第五章　数学文明的传播者——阿拉伯人

第一节　接受外来文化的阿拉伯帝国 / 116

第二节　为翻译和学术研究创建的智慧宫 / 121

第三节　代数学之父——花拉子米 / 125

第四节　收集全世界书籍的亚历山大图书馆 / 130

第五节　会写诗的数学家——海亚姆 / 136

第六节　三角学专家——纳西尔丁 / 143

第六章　欧洲文艺复兴——艺术与几何擦出火花

第一节　中世纪的欧洲数学发展 / 148

第二节　斐波那契提出的兔子问题 / 151

第三节　阿尔贝蒂的透视学 / 155

第四节　达·芬奇是一个全才 / 158

第七章　数学在分析时代的发展

第一节　近代数学是怎样兴起的 / 166

第二节　笛卡儿是怎样创建解析几何的 / 169

第三节　牛顿和莱布尼茨 / 173

第四节　微积分学的发展与影响 / 179

第五节　数学史上的奇迹——伯努利家族 / 184

第六节　业余数学家之王——费尔玛 / 190

第七节　精通数学的炮兵——拿破仑 / 195

第八节　"法国的牛顿"——拉普拉斯 / 198

第八章　现代数学

第一节　分析学的进化 / 206

第二节　集合论的创始人——康托尔 / 211

第三节　大卫·希尔伯特：20 世纪数学推动者 / 215

第四节　20 世纪最后一位全才——庞加莱 / 219

第五节　代数几何皇帝——格罗滕迪克 / 226

第六节　哈密尔顿发现了四元数 / 229

第七节　计算机之父——冯·诺依曼 / 233

第八节　不可不知的中国数学大师 / 239

第一章

残砖碎瓦里的数学起源

没有人能准确说出数学是从什么时候开始的，也没有人知道它是怎样开始的。伯特兰·罗素曾说：当人们发现一对雏鸡和两天之间有某种共同的东西时，数学就诞生了。在每一个有文字记载的文明发展中，都可以发现一些关于数学知识的记载。

第一节　原始人也会算算术

晴朗的夏夜，我们经常抬头看天上的星星，看它们一闪一闪的，觉得很是奇怪，脑袋里不自觉地就会想去了解它们。其实，早在原始社会，我们的祖先也和我们一样，想去了解这些未知的事物。

在人类刚出现的时候，是没有语言、文字的，那时候的人们只知道饿了就找东西吃，或采集果实，或围捕野兽，来满足自己的生活需求。当采集的果实或者猎物逐渐多起来之后，他们就慢慢有了数的概念。在不多的事物中间加入或者拿走几个相同的事物，他们就知道多少了。就这样，人们渐渐明确了数的概念。

人们很早就会计数，也会一些简单的算术，只是那时候还没发明文字，所以也没有被记录下来。他们知道把 1 支箭和 2 支箭放在一起就是 3 支箭。人类的计数方法最早可能就是数手指头，一只手有 5 根手指，只要数量不超过 10，都可以用手指来表示。在部落里，有一些人专门负责打猎，当打到的猎物多到吃不完时，就会养起来，这时就需要用到计数了。比如，他们想要知道养了多少只羊，就会开始数数，一根手指代表一只。但是，随着数量的增多，手指就不够用了，这就慢慢出现了石子（木棍）计数法，但是计数的石子不容易保存，于是又出现了结绳计数和刻痕计数。这些计数方法，不仅可以记录超过 10 的数字，还能长时间地累计和保存。

结绳不但用来计数，还用来记事，这种方法在世界各地都有，像希腊、波斯、罗马和伊斯兰国家都有记载或实物标本。现在，在美国纽约的自然历史博物馆中，就藏有古代南美印加部落用来记事的绳结。那是一根比较粗的绳子，在上面拴着涂有各种颜色的细绳，细绳上打着各种形状的结，其中，不同的颜色和结的形状、位置代表着不同的事物和数量。就是现在，在东亚琉球群岛的一些小岛上还有人在使用这种计数方法。

刻痕计数法在旧石器时代晚期就出现了。在非洲南部斯威士兰王国出土的一块狒狒的腓骨上面，有 29 道清楚的 V 字形刻痕，这一记录可追溯到公元前 35000 年。这与纳米比亚用来记录时间变迁的"日历棒"非常像。在捷克摩拉维亚的洞穴中发现了一根大约 30000 年前的幼狼桡骨，长约 18 厘米，上面有很深的 V 字形刻痕。刻痕共 55 道，分为两组，第一组 25 道，第二组 30 道，每一组刻痕又按五个一群排列，记录的可能是猎物的数量。在乌干达和扎伊尔之间的爱德华湖边，人们还发现了一块"伊尚戈骨"，距今大约 22000 年。经过显微镜分析，研究者发现上面的刻痕很有可能和月相有关系。从这一点可以看出，在新石器时代，人们就对月亮的变化很感兴趣了。

后来，人们根据不同的数字，又发明了对应的语言符号。又过了几万年，也就是大约5000多年前，人们才又发明了书写计数和相应的计数系统。早期的计数系统一共有7种，分别是古埃及象形数字、古巴比伦楔形数字、中国甲骨文数字、古希腊阿提卡数字、中国筹算数码、印度婆罗门数字和玛雅数字。除了玛雅数字发明的年代不太清楚之外，其他6种从相关的文字记载中都能推算出大概的发明年代。

古埃及象形数字大约是在公元前3400年前发明的。古埃及人用一根垂直棒或者一竖表示1；用一根足械或轭表示10；一个卷轴或一圈绳就是100；画一朵莲花就是1000；一根手指就是10000；100000就比较有趣了，有时候是一只青蛙，有时候是一条鱼，有时候又是一只小鸟；他们用一个跪着的人表示1000000。古埃及人通常会把这些数字记录在陶片、石头、木头或者纸草上，在坟墓里、庙墙上、方尖塔上也可以看到。

玛雅人发明了一种象形文字，最早刻在石碑和建筑物墙上。大约从9世纪开始，玛雅人用无花果的树皮制成了一种像纸的东西，用不同的颜色在上面记事。到了16世纪，西班牙人入侵，把这些文献都烧掉了。另外，玛雅人还发明了零点符号，看起来像一只半睁着的眼，也像一个贝壳。他们用一点、一横和一个零点符号就可以表示任何一个数字，是不是很奇妙？

古巴比伦的楔形数字、中国甲骨文数字、古希腊阿提卡数字、中国筹算数码和印度婆罗门数字在后面章节会详细地介绍，这里就不赘述了。

这些计数系统都采用了不同的进制，除了巴比伦楔形数字和玛雅数字分别采用的是六十进制和二十进制以外，其他5种计数系统采用的都是十进制。计数系统的出现，推动人类文明往前迈进了一大步。

几何的产生和算术差不多，最初的几何形式，是那时候的人们通过观察自然界的各种物体慢慢提取出来的，然后把这些几何形式用在制作器皿、建造房屋和画画上。

考古学家发现了大约距今5000年的新石器时代的聚落遗址——半坡遗址。整个遗址的形状看起来像一个圆形，但是又不是很规则，面积大约10万平方米。遗址主要有房基、窖穴和饲养家畜的圈栏。房屋有两种，一种是建在地面上的，还有一种建成了半地穴的样式，不管哪种房屋，都是单独的房间。从这里就可以看出，当时的建筑技术已经具备了一定的水平。

希腊历史学家希罗多德对古埃及的几何学进行研究之后发现，尼罗河通常每年7月中旬都会发一场洪水，把人们种粮食的地方淹没，等到11月洪水退去之后，土地上就会留下非常肥沃的淤泥。这时候，古埃及人就会重新丈量土地，然后进行播种，等待丰收。古埃及几何学就是人们在重新丈量土地的时候发明的。而古印度是个宗教信仰很普遍的国家，古印度几何学的产生与宗教实践有密不可分的关系。而如果说到古代中国几何学的起源，那么更多的是与天文观测有关系。

所以，数学就是在一定的社会条件下，通过人类的社会实践和生产活动发展起来的一种智力积累。

第二节　泥土板上的数学

人类有文字记载的文明史，大约起源于 5000 年前。被历史学家称为"河谷文明"的人类四大文明的发祥地都在哪里呢？有句话是这样说的："水是生命之本，万物之源泉。"四大文明发祥地就与水有关，它们分别在巴比伦的底格里斯河、幼发拉底河和埃及的尼罗河、中国的黄河以及印度的印度河与恒河等几条母亲河流域诞生。

在四大文明古国中，古巴比伦是数学发祥较早的一个地方。

古巴比伦在很久以前叫"美索不达米亚"，在底格里斯河和幼发拉底河之间一块肥美的平原上，环境优美，被称作"空中花园"，是世界七大奇迹之一。很可惜，后来由于战争的摧残和生态环境的破坏，公元前 539 年，这座美丽的城市被埋在了黄沙下面。

20 世纪时，人们在这个地方挖出很多刻有文字的泥板，由此可以表明，约公元前 3500 年，美索不达米亚地区曾广泛使用一种楔形文字，先用削尖的木笔在软泥上刻写，然后烧干或者晒干，使它坚硬得像块石头。这种文字写出来，总是一头粗一头细，看起来好像楔子，又好像钉子，所以叫作楔形文字或钉头字。每块泥板大约重1千克，有现在的砖头那么大，埋在地下好几千年都没有坏。用楔形文字刻写在泥板上，并编上序号的书叫作泥板书，是世界上最古老的图书之一。

目前，考古学家已经挖掘出约75万块刻有文字的泥板书，经过鉴定，数学泥板有300多块，其中大部分是公元前600年到公元前200年之间的，还有一部分甚至可以追溯到公元前2000年左右。这些数学泥板书上记载的数学主要有两类：一类是"表格课本"，也就是"应用数学"，像数字乘法表、乘方表、倒数表等；另一类是"问题课本"，也就是"理论数学"，现在叫数学题目。现在我们所知道的古巴比伦的数学知识，就是从这些泥板书上来的。

我们现在用的十进制数字体系是一种以10为基底的位－值体系。简单来说，就是个位的10等于十位的1。通过对泥板书上的文字研究发现，古巴比伦人使用的是以60为基底的六十进制数字体系。我们现在计时用的就是六十进制。比如十进制的75，巴比伦人用六十进制就写成"1，15"，就像80分钟，也可以说成1小时20分钟，这是一个道理。在公元前1800—公元前1600年，古巴比伦出现了一种只用两个楔形符号的以60为基底的位－值体系。在这个体系里，1用"T"形的楔形文字表示，10用"〈"形的楔形文字表示。六十进制分数出现之后，这个体系又被进一步应用到分数表示上。但是一直到公元前6世纪的新巴比伦帝国建立，表示0的符号都没有出现。所以，当读到古巴比伦数字时，一定要细心地通过前后文来辨别符号的位。比如，因为没有 0，我们就很难区分 18、108 和 180。真不知道当时的古巴比伦人为什么要用这样的体系。虽然如此，但它对计算还是很有效的。同时，由于在时间和角度的测量中使用六十进制来表示分和秒，所以它还奠定了时间的计量标准。

除此之外，古巴比伦人还十分精通代数，尽管代数问题和解决方法不是用符号来表示，而是用语言来描述的。他们用一种方法解了二次方程式，这种方法在本质上和"出入相补原理"（填充正方形）是一样的。他们的计算过程之所以正确，是因为他们以一个矩形可以重新排列成正方形这个事实为基础的。至于一些比较高阶的方程式，他们也是使用数字方法解决的，或者是把它简化成其他已知类型的方程式来解决的。

在几何领域，古巴比伦人拥有求平面图形面积的算法。另外，聪明的古巴比伦人还擅长代数，并用它解决了很多问题。在这里，利用截取六十进制小数的方法，数字化地处理了无理数。例如，在六十进制中，$\sqrt{6} = 2.449489\cdots$（表示小数展开后可以一直持续下去）。截取 $\sqrt{6}$ 的展开式的小数点后两位得到 2.44，而不是接近于 $\sqrt{6}$ 的近似值 2.45。不过有时候截取值和近似值也会一样，比如，截取 $\sqrt{6}$ 的展开式的小数点后三位得到 2.449，而其近似值也是 2.449。虽然当时出现了无理数，使得无穷小数展开，但是并没有任何关于无理数展开式的无穷小数展开的讨论。不过，有一个运算表展示了 $\sqrt{2}$ 非常好的近似值，其精确度为小数点后五位，也就是 1.41421。用六十进制表示这一近似值就是 "1：24，51，10"，但是只有这个结果，具体怎么推导出来的却不知道。后来，公元 1 世纪的希腊数学家希罗用他命名的一个方法也给出了这一结果。

由此我们可以看出，古巴比伦数学不仅精密，而且在金融、计重、测量等实际应用上也非常有效。从一些被解决的问题上也可以看出其中有推理的传统，在后面我们学习古巴比伦天文学时就能看到这一方面的成果了。

第三节　纸草书上的数学

我们知道尼罗河是世界上最长的河流，在尼罗河流域有一块肥沃的原野，公元前3500—前3000年，在这块原野上出现了一个美丽富饶而又强大的王国——古埃及。

尼罗河流域是古埃及文明的发源地，古埃及的科学文化技术就是在这里孕育出来的。埃及90%的领土都是沙漠，如果没有尼罗河，古埃及估计早就成了寸草不生的荒漠了。

虽然古埃及文明存在了5000多年的时间，但是保存下来的数学史料却很少。我们对古埃及的了解，主要是来自两本纸草书——《莱因德纸草书》和《格列尼切夫纸草书》。

在尼罗河三角洲有一种水生植物，形状像芦苇，名叫纸莎草。把它的茎一层一层地撕开，剖成长条，一条一条地整齐地排起来连成片，再压平晒干，然后把一根芦苇秆的一头削尖，蘸上颜料在制好的纸草上书写。因为纸草制成的纸很容易碎，所以可想而知，这种纸能保存下来简直有点不可思议。

《莱因德纸草书》最早发现于埃及底比斯(今卢克索附近)的废墟中，公元1858年被苏格兰的埃及考古学家莱因德购得，所以得了这个名字，现保存在伦敦大英博物馆，也叫《伦敦纸草书》。《格列尼切夫纸草书》是公元1893年俄罗斯收藏家格列尼切夫在埃及获得的，现保存在莫斯科普希金精细艺术博物馆，也叫《莫斯科纸草书》。除了这两个主要的资料来源外，还有一些次要的资料和一些画在坟墓和神殿的墙上的插图，这些插图主要描绘的是需要数学技巧的商贸和行政问题。

《莱因德纸草书》是一个叫阿麦斯的埃及僧人在公元前1650年左右写的。阿麦斯曾经说过，书上的内容是他从200年前的一本原作上抄下来的。书的开头写着这样一句话："万物的详尽研究，洞察一切存在及所有晦涩奥秘的知识。"这看起来似乎有些夸张，但是它明确告诉了我们，在当时，抄写技术是传授知识的重要手段。阿麦斯在抄写《莱因德纸草书》时，所用的文字是神职人员平常使用的笔迹文字，而不是当时常用的象形文字。在《莱因德纸草书》书中一共提出了87个问题，其中大部分的问题都像一种计算题，就是把多少块面包片分给多少个人这样的计算。除此之外，书里还给出了求直角三角形面积的方法。书里所有的解答虽然没有给出计算公式，但每一个都举实例进行了详细的说明，简单明了。

《格列尼切夫纸草书》里面的内容和《莱因德纸草书》基本是一样的，但比《莱因德纸草书》多了两个计算：一个是截断了的金字塔，也就是平截头体体积的计算；另一个是近乎半球体的表面积的计算。

　　古埃及人在数的使用上有两个非常突出的特点：一是他们所有的计算都是以加法运算和乘 2 运算的运算表为基础的；二是他们非常喜欢用单位分数，如 1/2、1/3 等。乘法运算就是重复加倍运算，然后把适当的中间结果相加。例如，28 × 5 被写成

　　/1　28

　　 2　56

　　/4　112

　　因为 1 + 4 = 5，对于 28 和 112 求和得到 140，这就是 28 × 5。除法运算和乘法运算类似，只是答案有可能是分数。答案是分数时，就要用到单位分数。古埃及人表示单位分数的方法和现代不一样，比如，四分之一现代的表示方法是 1/4，而古埃及人则是在数的上面画一横线，1/4 被写成 $\overline{4}$ 。《莱因德纸草书》里面还有 2/n 的分数表，其中 n 是奇数。在这个分数表里，古埃及人把 2/n 分解成了单位分数，比如 2/7 就被分成 1/4 和 1/28。前面我们说过古埃及人表示单位分数的符号，所以当答案是 2/7 时，就会写成 $\overline{4}$ 、 $\overline{28}$ 。虽然问题解决了，但是古埃及人的这种表示方法好像也没有什么实际的应用价值。

　　至于古埃及人为什么偏爱单位分数，据大胆猜测，可能是因为在计算分配物品的时候，使用单位分数得出的结果是绝对精确的数值，而不是一个近似值。因为古埃及人没有货币，他们经常是用其他物品来进行交易。在《莱因德纸草书》中有分面包的问题，即 10 个人怎么分 9 片面包。从这个问题大致可以推断出，当时人们用面包来进行交易。

下面我们就来看看古埃及人是怎么分面包的。根据计算我们可以知道，9片面包分给10个人，每个人可以得到1片面包的9/10。在分面包时将每片面包切下1/10，这样其中9个人就可以每人得到一片9/10的面包，而剩下的那个人就可以得到9片1/10的面包。但是《莱因德纸草书》一书中的分法却不一样，它是这样分的：9/10 = 2/3 + 1/5 + 1/30。虽然这样分很麻烦，但是最后每个人得到的面包却是一样的。

　　关于体积的测量，古埃及人用由象征荷鲁斯的眼睛的象形文字的部分组成了自己的符号体系。我们知道荷鲁斯是古埃及神话中法老的守护神，同时他还是王权的象征。荷鲁斯是埃及冥界之王奥西里斯和伊西斯的儿子。奥西里斯被他的兄弟塞斯杀死。荷鲁斯为了给他的父亲报仇，与塞斯开始了无休止的战争。在一次战斗中，塞斯把荷鲁斯的眼睛挖了出来，然后把它撕成6块，扔到了古埃及6个不同的地方。据传说，诸神后来介入了这场战争，诸神任命荷鲁斯为埃及的国王和法老的守护神。诸神又让掌管学习和魔法的月神透特去将荷鲁斯的眼睛碎块收集起来。后来，荷鲁斯的眼睛就成了健康、洞察力和富饶的象征。荷鲁斯的眼睛一半是人一半是鹰，以月神透特为守护神的书记们用他的眼睛形象地表示了测量中的分数。象征荷鲁斯的眼睛的象形文字中的每一个元素都表示1/2到1/64之间的一个分数。将这些元素组合起来可以表示分母为64的任何一个分数。在那些书记中有一个见习书记，据说有一天，他告诉他的老师，荷鲁斯的眼睛碎片所表示的所有分数加起来只有63/64，并不是一个完整的单位。老师告诉他，月神透特将剩下的1/64送给了那些进行了探索并接受了他的保护的书记。

很多人认为古埃及数学没有古巴比伦数学先进，这是不太可能的，因为留下来的关于古埃及数学的史料非常少，所以我们对它的认识必然受到很大限制。其实古希腊人普遍承认他们的数学源于古埃及，特别是几何学。不看别的，单是那精妙无比的金字塔建筑就能说明这一点了，像平截头体体积的计算这样的事实就给了现代的我们很重要的启示。

第四节　数学和天文学的不解之缘

　　前面我们说过古巴比伦是人类文明最早的发祥地之一，那里曾经诞生了丰富多彩的物质文明和精神文明，其中，天文学是发展比较早的一门科学。这是因为在古代，人们在从事农业生产劳动时经常会迷信天象。在这方面，古巴比伦在数学和天文学方面的成就最为明显。有些甚至一直沿用到今天，如分黄道带为 12 个星座，以圆周为 360°，分 1 分为 60 秒，以 7 天为一星期等。

　　据说，在公元前 30 世纪后期，人们就已经使用历法了，只是各地对于月的称呼不一样。古巴比伦历法中，古巴比伦人给每个月都起了一个名字。研究者通过研究发现的泥土板上的文字，证明生活在公元前 1000 多年的亚述人称呼每个月的名字就是古巴比伦人起的。

　　当新月初现时，古巴比伦人认为这就是一个月的开始。而新月一般是在太阳和月亮合体之后的一到两天内出现，具体什么时间，这就要看太阳和月亮运行的速度与月亮在地平线上的高度。为了很好地解决这个问题，公元前3世纪，塞琉古王朝的天文学家就开始绘制日月运行表。在这个日月运行表里面，只有一些数据，找不到一点儿文字说明。这吸引了很多学者对它展开了研究，可是直到19世纪末20世纪初，伊平和库格勒等人才发现了这些数据的秘密。他们发现，第四栏是当月太阳在黄道十二宫的位置，第三栏是合朔（太阳和月亮在一条直线）时太阳在该宫的度数，第三栏相邻两行相减就能得到第二栏的数据，这一数据就是当月太阳运行的度数。

在这个日月运行表中，有的项目分得很多，有18个栏那么多，其中包括昼夜长度、月行速度变化、月亮的纬度、黄道对地平的交角等。根据这个日月运行表，我们就能很容易地计算出月食。其实，早在公元前9世纪的萨尔贡二世时，人们就已经知道只有当月亮靠近黄白交点时才会出现月食。除此之外，古巴比伦人测算出朔望月的误差只有0.44秒，近点月的误差只有3.6秒。

古巴比伦人除了对太阳和月亮的运行周期测得准之外，对五大行星的会合周期也测得非常准。他们所测出的这些数据远比后来希腊人所测的数据准确得多，而且，我们从近代对这些方面的天文学研究数据结果来看，古巴比伦的这些数据已经和近代非常接近。

古巴比伦人还建立了一个星期7天的制度，并将其很好地沿袭了下来。在古代，人们用金木水火土5个行星来命名日和月，所以，"星期几"中的"星"就是星的日子。

古巴比伦人在数学和天文学方面的成就，离不开他们在日常生活中对各种知识的积累和经验的应用，这同时也体现了古巴比伦人无穷的智慧和丰富的想象力。

介绍完了古巴比伦，我们再来看看古埃及文明中的数学与天文学是怎样的联系。

和古巴比伦一样，古埃及也是古代文明的发祥地之一。对于古埃及人来说，金字塔就是一种永恒观念的象征。古埃及人正是在这种观念的驱使下，建造了这样一个象征着古埃及文明的建筑。19 世纪的研究者通过研究纷纷发表声明，金字塔是凝聚天文学和数学的一大建筑，其各部位的尺寸有着非常重大的意义。

在建造金字塔时，古埃及人并没有罗盘这些设备，但是现在我们可以看出，金字塔四面所对应的东南西北方向却非常准确，这是因为古埃及人采用了一种独特的天文测量法，即利用北极星天龙座进行定位。我们知道，埃及最大的金字塔是胡夫金字塔，也叫大金字塔。它建在北纬 30° 线南边 2 千米的地方，入口在塔的北面正中，从这个入口进入就能进到地下宫殿的通道。而这个地下宫殿的通道和地平线形成的角度恰好是 30°，这个角度正好对着当时的北极星。

自古以来，关于胡夫金字塔就有很多疑问，其中最大的疑问就是："大金字塔真的是胡夫的墓地吗？"之所以有这个疑问，仅仅是因为古希腊历史学家希罗多德曾在"重力扩散室"中记述了胡夫神圣文字。

而公元 8 世纪阿拉伯的史学家巴陆基却提出了另一种说法，他认为，金字塔并不是国王的墓地，而是为了躲避洪水而建造的。而且，麦克罗库敦曾经提出过一种假设，他认为大金字塔在以前并没有这么高，而是只有现在的 1/3，里面的大长廊和下降长廊的上端全露在外面。大长廊的倾斜角度正好对着天狼星，而下降长廊的倾斜角度则正好对着阿尔法星。人们正是从长廊的底部，透过隧道，来观测天上的这些星星的。而在古埃及王国时期，古埃及人就是通过尼罗河的周期性泛滥进行观测，发现尼罗河泛滥的时候，正是天狼星偕日出现在东方地平线的时候。所以，史学家巴陆基的这种说法，至今还被很多人认同并提倡。

还有一种说法，就是法国的德·夏鲁塞认为大金字塔是日时计。他通过一年的观测，发现在太阳的照射下，大金字塔各斜面的影子会随季节的变化而产生微妙的变化，而且在北侧的斜面上，有的时候能形成影子，有的时候又不能形成影子，这两个时期的分界点分别在 3 月 1 日和 10 月 14 日。而这两天正好是人们种粮食的日子，所以，德·夏鲁塞才认为大金字塔就是通知人们开始播种粮食的历法的日时计。

有人曾经计算过，大金字塔的三角面的高度和四个底边的长度之间的比得出的结果，非常接近圆周率。也就是说，画一个以大金字塔的三角面的高度为半径的圆，那么它的周长就等于四个底边的长度。

用底边的 1/2 除大金字塔的斜面长度（斜边距离），得出的结果是 1：0.618，而这一比例正是黄金分割数。从古希腊一直到现在，人们都始终认为黄金分割是最能引起美感的比例，所以在神殿和雕刻中人们经常使用这一比例。而大金字塔比古希腊还早了 2000 多年，那时古埃及人就已经使用这一比例了。

从这些数据可以看出，古埃及人在建造金字塔的时候，很好地运用了天文学和数学方面的知识。

第二章

重视数学的古希腊人

古希腊时期，人们思想自由，重视理论，具有较浓的学术辩论风气。

他们的治学讲求学派，在那个时期，学派林立，每个学派都有自己的风格，

将哲学和自然科学融为一体，促进了数学理论的建立。

第一节　泰勒斯：古希腊第一个数学家

如果你阅读过人类文明史相关的书籍，就会发现这里面有很多巧合。例如，英国文学史上最伟大的剧作家莎士比亚和西班牙文学史上最伟大的作家塞万提斯都是在 1616 年 4 月 23 日这一天去世的，后来 4 月 23 日就被定为了"世界读书日"。又如，意大利最伟大的科学家伽利略在 1642 年去世，而在这一年英国最伟大的科学家牛顿出生了。在更早的年代里，古希腊的数学家和哲学家不断地涌现，就像文艺复兴时期意大利的作家和艺术家接连不断地出现一样。

1265 年，意大利伟大诗人但丁在佛罗伦萨出生了。第二年，意大利最杰出的艺术家乔托也在这个城市出生了。我们都知道文艺复兴时期是艺术史上最伟大的一个时代，它最先兴起于意大利，很多人都认为，这一时期正是从乔托开始的。而在乔托之前，艺术家在人们眼里，和那些木匠或者裁缝没什么两样，他们创作出作品之后甚至都不在上面写上自己的名字。

和艺术家相比，数学家就幸运得多了。数学史上第一个留下名字的数学家名叫泰勒斯，而他比乔托早了1800年。泰勒斯出生在古希腊的港口城市米利都（也就是现在的土耳其亚洲部分西海岸门德雷斯河口附近）。米利都在当时是古希腊在东方最大的城市，非常繁华，生活在周围的居民大多是爱奥尼亚移民，所以，那里也叫爱奥尼亚。

在那个时候，商人统治着米利都，所以思想较为自由和开放，在这种自由的氛围下诞生了很多著名的人物，据说古希腊伟大诗人荷马和历史学家希罗多德就来自这里。泰勒斯早年也是一个商人，曾到过古埃及和古巴比伦等不少国家，在游历期间学习了数学和天文学方面的知识。但是泰勒斯后来研究的并不是只有数学和天文学，他还研究了物理学、工程学和哲学。

到了晚年，泰勒斯主要研究哲学，开始招收弟子，并创立了米利都学派。他这么做是为了摆脱宗教，试图透过自然现象去寻求真理。

泰勒斯在很多领域都有研究，并且都取得了一定的成就。举个例子来说，在数学领域，泰勒斯就曾利用日影和杆高的比例关系算出了金字塔的高度。这个故事是这样的：据说有一年春天，泰勒斯来到古埃及，人们想试试他是不是真的那么厉害，于是让他测出金字塔的高度。泰勒斯满口答应了。在一个艳阳天，泰勒斯站到金字塔旁边，然后他让人量他的影子的长度。当他的影子长度和他的身高等长时，他就立刻量了金字塔影子的长度，然后他告诉大家，这个长度就是金字塔的高度。在法老的请求下，他向大家解释了金字塔影子的长度为什么就是它的高度。

其实很简单，就是现在我们所说的相似三角形定理。

虽然在人类历史上泰勒斯非常有名，但是关于他的生平历史上却没有多少记载，所以我们只能通过留下来的哲学家和作家的作品来了解泰勒斯的一些事迹。可能这就是最早的数学故事吧。

古希腊大哲学家亚里士多德就曾经讲过泰勒斯的一个故事。有一次，泰勒斯根据自己掌握的农业知识和气象资料，预测到明年橄榄一定会大丰收。于是他提前用低价租下了这个地区所有的榨油机。到了第二年，橄榄果然获得了大丰收，榨油机供不应求，这时泰勒斯将他的榨油机高价出租给别人，从而赚了一大笔钱。但他这么做其实并不是为了赚钱，而是因为之前有人嘲讽他：你那么聪明，怎么没有发财呢？他是为了回击这些人。同时他用自己的成功告诫了人们：知识胜于财富。

亚里士多德的老师是柏拉图，也是一位大哲学家，同时又是一名数学家。柏拉图在自己的著作里也记述了泰勒斯一件有趣的事情。据说，有一次泰勒斯抬头观察天象，结果一不小心摔进了路旁的水沟里。正好有一个漂亮的女仆经过，她嘲笑泰勒斯说："您连脚下的水沟都看不见，又怎么会知道天上的事情呢？"泰勒斯听了，对女仆的话并没有在意。

罗马帝国时代的希腊作家普鲁塔克在他的著作中也记载了泰勒斯的一个故事。据说有一次，与泰勒斯同是"古希腊七贤"之一的雅典执政官梭伦到米利都探望泰勒斯。泰勒斯有一句格言是"过分稳健只会带来灾难"，而梭伦的格言则是"避免极端"。两个人在对一些事情的看法上经常产生分歧。

我们知道，历史上有很多智者一生都没有结婚，而泰勒斯可能是这些人中的第一人。当时，梭伦问泰勒斯："你为什么还不结婚？"泰勒斯并没有回答他。过了几天，梭伦突然得到一个消息，说他的儿子可能不幸死在了雅典。梭伦听说后非常痛苦。这时候，泰勒斯出现了，他告诉梭伦这个消息是假的，然后又告诉他，自己之所以不结婚，就是因为害怕面对失去亲人后的痛苦。

在文艺复兴时期，普鲁塔克的作品非常受欢迎，法国作家蒙田对他很是推崇，莎士比亚的不少剧作都取材于他的记载。而且他有一个习惯，就是每次记载以后，他都要在后面写上自己的评述。例如，针对泰勒斯的婚姻观，他是这样评述的："如果由于害怕失掉就不去获得必需的东西，这既不合理也不足贵……无论如何，我们决不可用贫穷来防止丧失财产，用离群索居来防止失掉朋友，用不育子嗣来防止儿女夭折。我们应该以理性来对付一切不幸。"

欧德莫斯是亚里士多德的得意弟子，他是历史上第一个有史料记载的科学史家。他编写了很多著作，包括算术史、几何史和天文学史等领域。但是这些著作都没有流传下来，只有后世一些其他人在自己的著作里引用过欧德莫斯著作里的一些话。欧德莫斯曾经与人一起收集亚里士多德的著作，编写了一本亚里士多德全集。欧德莫斯在书中这样写道："……（泰勒斯）将几何学研究（从埃及）引入希腊，他本人发现了许多命题，并指导学生研究那些可以推导出其他命题的基本原理。"

据柏拉图的另一位门徒记载，泰勒斯证明了平面几何中的 5 个定理，除了泰勒斯定理之外，另外 4 个定理是：两条相交直线形成的对顶角相等；如果两个三角形有两角和一边对应相等，那么这两个三角形全等；

等腰三角形的两个底角相等；直径将圆分成两个相等的部分。

除此之外，泰勒斯还引入了命题证明的方法，也就是用一些已经确认过真实性的命题来论证其他命题。

从上面列举的这些记载中可以看出，泰勒斯在数学领域取得了很大的成就，虽然没有原始文献可以证实这一点，但是丝毫没有阻碍人们认为他是历史上第一个数学家和论证几何学的鼻祖，所以"泰勒斯定理"自然就成了历史上第一个用数学家的名字命名的定理。

其实除了数学领域，泰勒斯在其他领域也取得了很大的成就。

在哲学领域，他有一句名言："水是最好的。"他认为，水分蒸发变成雾，雾从水面上升形成云，云又凝聚转化成雨，所以他提出了"万物源于水"的观点。说到这里，我们讲一个泰勒斯青年时期的故事。有一次，泰勒斯用骡子运盐，在经过一条小河时，一头骡子突然滑倒了，背上的盐有一部分溶解在了水里。这头骡子站起来重新背起盐袋后，发现重量变轻了，于是它每次过小河就打个滚儿。泰勒斯发现这头骡子的毛病后，就给它换上了海绵。这头骡子打滚儿之后，背上的海绵吸满了水，这头骡子顿时感觉重了很多，从此这头骡子再也不敢在河里打滚儿了。

他还认为地球是个圆盘，漂浮在水面上。虽然他的这两个观点后来被证明是错误的，但他敢于揭露大自然的本来面目并建立起自己的思想体系，所以他被公认为古希腊哲学的创立者。

在物理学领域，他发现了琥珀摩擦产生静电。而在天文学领域，欧德莫斯认为，泰勒斯已经知道按春分、夏至、秋分和冬至来划分四季，时间并不一样长。被人们尊称为"历史之父"的古希腊历史学家希罗多德在他的代表作《历史》中记叙了泰勒斯对一次日食的预测：当时在米底和吕底亚之间有一场持续战争，一直打了 5 年也没分出胜负，结果尸横遍野、血流成河。泰勒斯根据自己掌握的天文学知识预测到将有日食发生，于是宣称上苍反对战争，必用日食警告。而就在两军交战之时，突然白天变成了黑夜。两国的士兵顿时吓得不知所措，他们想到泰勒斯的预言，认为上苍震怒，于是两国停战和好了。

　　泰勒斯平时说话幽默风趣，而且富有哲理。曾经有人问他："怎么过正直的生活？"他是这样回答的："不要做你讨厌别人做的事。"就与《论语》中说的"己所不欲，勿施于人"是一样的道理。又有人问他："你见过的最奇怪的事情是什么？"他说是"长寿的暴君"。还有人问他："当你得到一个发现时，想得到什么奖赏？"他答道："当你把它告诉其他人时，不说成是你的发现，而说它是我的发现，这就是对我最好的奖赏。"

第二节 勾股定理的发现源自一顿晚餐？

毕达哥拉斯出生于一座叫作萨摩斯的小岛，这座小岛位于爱琴海，离米利都非常近。和大陆的人相比较，萨摩斯小岛上的人的思想要保守很多，他们信仰奥尔菲教，这是一种没有严格教条的宗教，他们经常聚在一起，举行一些宗教活动。这可能就慢慢地形成了一种新的哲学，而这种新哲学成了萨摩斯人的一种生活方式。而我们接下来讲的毕达哥拉斯就是这种新哲学的先驱。

毕达哥拉斯出生在一个贵族家庭，从小就聪明好学，学习了几何学、自然科学和哲学，可以说受到了很好的教育。毕达哥拉斯长大以后，听说了泰勒斯的大名，非常仰慕他的才学，就离开萨摩斯岛，到米利都找泰勒斯求学。可是，泰勒斯当时岁数已经很大了，所以他拒绝了毕达哥拉斯，但建议他去找自己的学生阿那克西曼德（古希腊唯物主义哲学家）。毕达哥拉斯在米利都待了一段时间后发现，这里的人都认为哲学是一种高度实际的东西，这和他本人超然于世的冥想习惯完全相反。

由于毕达哥拉斯向往东方的智慧，所以他离开米利都，独自一人历经千山万水游历到古埃及，在那里生活了 10 年，学习了古埃及人的数学。后来，他又到古巴比伦和古印度游历，学习了古巴比伦和古印度的文化。当他撑着船只回到故乡萨摩斯岛时，时间已经过去了 19 年，这比唐朝玄奘法师到印度取经所用的时间还要长。

但是，岛上的人很保守，他们并不认同毕达哥拉斯的思想。毕达哥拉斯只好再次离开萨摩斯岛，来到意大利南部的克罗内托，在那里定居，并建立了毕达哥拉斯学派，开始招收弟子，向他们传授数学和自己的哲学思想。

毕达哥拉斯认为，人可以分为三类，他曾用一个比喻形象地形容了这三类人。他说这三类人，就像奥林匹克运动会上的三类人：做买卖的人是最低等的，参加竞赛的人是高一等的，而观众是最高等的。同样，在现实生活中，有些人为的是功名禄位，有些人是金钱的奴隶，只有少数人做了最好的选择，他们将自己的时间和精力都用来思考自然、从事科学研究、做爱智慧的人，这些人就是哲学家。

古希腊人非常喜欢运动，崇尚健康又强壮的身体。他们经常在竞技场举行活动，对拥有高超的竞技能力的人非常欣赏。有一次，菲洛斯僭主勒翁邀请毕达哥拉斯一同观看一场盛大的竞技比赛。勒翁和毕达哥拉斯一边观看比赛一边闲聊。勒翁非常欣赏毕达哥拉斯的学识，他看到竞技场里来了很多人，有做买卖的，有在竞技场上参加比赛的。勒翁问了毕达哥拉斯一个问题——他是什么样的人。毕达哥拉斯说自己是爱智慧的人。勒翁又问他为什么是爱智慧的人，而不是智慧的人。毕达哥拉斯解释说只有神是智慧的，凡人最多爱的就是智慧。因为在希腊文中，哲学就是爱智慧的意思，所以毕达哥拉斯说自己是哲学家。

　　毕达哥拉斯和我国的圣人孔子是同一个时代的人，同时也是两种不同的传统文化的创立者和代表者。虽然毕达哥拉斯和孔子，一个生活在西方，一个生活在东方，两个人生活的环境可以说是完全不同，但是他们关于"和"的思想观点与对音乐的认识却非常一致。下面来看看毕达哥拉斯在音乐方面的一个小故事吧。

　　有一天，毕达哥拉斯上街，正往前走着呢，突然听到"叮叮当当"的声音，走近一看，原来是一家铁匠铺的师傅正在用铁锤打击铁砧。毕达哥拉斯站在那里仔细听，不禁听得入了迷。他从打铁的声音中听出了四度、五度和八度三种和谐音。于是他在那里站了很久，思考为什么会发出不同的声音。他做了个大胆的猜测，认为是由于铁锤的重量不同，后来他通过称量铁锤的重量，证明铁锤的重量不同导致发出的声音不同。

　　后来，他又发现竖琴发出的声音也不同，通过试验，他发现不同长度的弦的振动所发出的声音也不同。毕达哥拉斯认为竖琴之所以能发出悦耳的声音，是因为符合一定的数的关系。后来，他把在音乐中发现的这种一定数的比例关系构成的和谐，运用到对天体运动的观察中。他认为，宇宙各天体的大小和距离也是按照一定的数的比例排列的，宇宙的结构就像音乐一样和谐。

　　在数学方面，毕达哥拉斯最有名的成果就是发现了毕达哥拉斯定理（又叫勾股定理）。据说，毕达哥拉斯有一次应邀参加一位朋友的晚宴，他的朋友家里铺着美丽的正方形大理石地砖。由于食物一直没有端上来，毕达哥拉斯闲着无聊，开始观察起这些正方形地砖，并对它们产生了浓厚的兴趣。他发现脚下的大理石和数有着有趣的关系。他越想越兴奋，竟然直接蹲在地上，拿出笔和尺子，他选了4块相邻的大理石，这4块大理石组成了一个大正方形，然后他在每块大理石上画了一条对角线，这4条对角线又组成了一个新的正方形。他通过计算发现，这个新的正方形的面积等于2块大理石的面积。他又选了9块大理石组成一个大正方形，然后以2块大理石组成的矩形为单位画对角线，4条对角线组成了一个更大的正方形，通过计算这个更大的正方形的面积等于5块大理石的面积。毕达哥拉斯通过这样的推算，得出了这样一个结果：直角三角形斜边的平方等于两条直角边的平方和。这就是著名的毕达哥拉斯定理，也叫勾股定理。

传说，毕达哥拉斯发现勾股定理之后，毕达哥拉斯学派的人非常高兴，他们宰杀了一百头牛举行了一场大型的祭祀活动，来感谢缪斯的启示。

毕达哥拉斯平时过着非常简朴的生活，他穿朴素的衣服，吃简单的食物，经常光着脚走路。毕达哥拉斯制定了很多规定，要求成员奉献自己的一切财产，大家共同享受，同时保守发现的数学秘密。毕达哥拉斯学派还有一个区别于别的学派的特点，就是允许妇女加入。后来，学派里有一个叫西诺的女弟子爱上了毕达哥拉斯，成了他的妻子。另外，他还要求成员不准吃动物心脏，不准吃豆子，不许在灯边照镜子，等等。

毕达哥拉斯招收弟子的标准可以说非常严格，并不是什么样的人他都会收。如果谁想成为他的弟子，首先要在门帘之外听他讲5年的课。

5 年之后，毕达哥拉斯认为这个人达到了自己的要求，才允许这个人加入学派。

　　就有这么一个人，隔着门帘听毕达哥拉斯讲了 5 年课，但是没有达到毕达哥拉斯的要求，所以没能加入学派。这个人从此对毕达哥拉斯怀恨在心，于是他找机会放火烧了毕达哥拉斯的房子。而当时克罗内托城里有很多对毕达哥拉斯不满的人，他们趁机也对毕达哥拉斯发起了进攻。毕达哥拉斯在逃跑的路上遇到一块豆子地，只要穿过豆子地就能逃脱了，可是这样就违背了他定下的规矩。于是毕达哥拉斯停了下来，结果被那些人抓住杀死了。也有人说，毕达哥拉斯逃到了梅塔蓬达，最后绝食 40 天死在了缪斯神庙。

第三节　第一次数学危机是怎样爆发的

　　毕达哥拉斯学派主要研究数的理论。但是他们研究数不是为了实际生活中的应用，而是想通过研究数来探索宇宙的奥秘。毕达哥拉斯学派有一句格言是"万物皆数"，因为他们认为，数是宇宙万物的本源。

　　毕达哥拉斯学派研究的数和我们现在说的数是不一样的，毕达哥拉斯学派的数说的只是整数和分数。他们把自然数分为奇数和偶数等。毕达哥拉斯学派的人还给数起了人性化的称呼，如把奇数叫作男人数，把偶数叫作女人数，因为他们认为奇数是阳性的，偶数是阴性的。是不是很有趣？

　　毕达哥拉斯学派的人认为 10 这个数是完美的，因为 $10 = 1 + 2 + 3 + 4$，而 1、2、3、4 是前四个自然数，分别代表了水、火、气、土 4 种元素。在他们看来，数构成点，点构成线、面和立体，立体构成水、火、气、土 4 种元素，进而组成万物，所以 $10 = 1 + 2 + 3 + 4$ 被认为是"包罗万象"。所以,毕达哥拉斯学派的人认为数在万物之先,数决定了自然界的一切现象和规律,万事万物都必须服从数的关系。

因为毕达哥拉斯学派的人把数看成万物的本质,而他们所说的数又只包括整数和分数,所以,他们把宇宙万物全部归结为整数和分数,他们自然就认为整数和分数构成了这个美丽的宇宙。这就是他们所谓的"天经地义"的哲学论,这也是他们这个学派的神圣信条和精神支柱。

学派之中有一个年轻人,名叫希帕索斯,他非常喜欢思考。在毕达哥拉斯发现毕达哥拉斯定理之后,希帕索斯就提出了一个问题:正方形的边长为1,那么它的对角线有多长?

希帕索斯经过计算发现,这一结果不能用整数表述,也不能用分数表示,只能用一个新数表示。这个新数就是我们所说的无理数,希帕索斯的这一发现促成了数学史上第一个无理数的出现。

他的这一发现犹如晴天霹雳,动摇了毕达哥拉斯学派"万物皆数"这一哲学基础。毕达哥拉斯学派的人认为希帕索斯违反了教规,将他扔进了大海。

虽然希帕索斯死在了教规之下,但他的发现并没有随他一起消失。无理数的出现,不仅动摇了毕达哥拉斯学派中整数的尊崇地位,还使得当时的整个数学界都掀起了轩然大波,甚至使得整个古希腊数学观都受到了极大的挑战。

当时人们认为在任何精确度范围内都能用有理数来表示,这在当时是被普遍接受的。但是无理数的出现,完全推翻了人们的这一常识。在他们看来,这件事简直太荒谬了。但是,人们对这个荒谬的事情竟然没有任何办法，这就直接导致了人们认识上的危机，这就是数学史上的第一次危机。

这次危机使得人们丢弃了毕达哥拉斯学派的比例理论及其所有的推论，同时也引起了众多数学家来研究这一悖论，以求解决这个危机。

但是要想解决这一危机并不是那么容易。数学家们一直研究了一个世纪（大约从公元前 470 年到公元前 370 年），直到古希腊伟大的哲学家柏拉图的学生欧多克索斯用纯粹的公理化方法修改了量度和比例理论，这一危机才得到初步解决。直到 19 世纪，德国两位数学家康德金和康托尔建立了现代实数理论，才将这一危机彻底解决。

第四节　芝诺说：阿喀琉斯跑不过乌龟

　　毕达哥拉斯死后，希腊和波斯之间发生了长达 50 年左右的战争。后来，希腊取得了战争的胜利，雅典成了希腊的政治、经济和文化中心。到了伯利克里时代，伯利克里致力于经营奴隶制民主政治，扩张雅典的势力，促使雅典奴隶制经济、政治、军事和文化都走向了繁荣，为雅典民主政治制度的形成和发展做出了重要贡献。

　　在这个时代，希腊数学和哲学百花齐放，出现了很多学派。而毕达哥拉斯学派成员巴门尼德创建了当时第一个著名的学派——伊利亚学派。而在巴门尼德的弟子中，芝诺是最具代表性的，这两个人被称为苏格拉底时期之前最具智慧的希腊人。

　　在希腊哲学史上，很少有人用诗歌的形式来表达自己的哲学观点，而巴门尼德就是其中的一个。他写了一本诗集叫《论自然》（现在只剩下一些残片），其中第一部分叫"真理之路"，里面包含了逻辑学说，后来的哲学家对此非常感兴趣。巴门尼德认为，没有办法想到的东西是不能存在的，所以只要是存在的东西都是可以被人们想到的。巴门尼德还引入理性证明的方法作为论断的基础，所以人们认为是他创立了形而上学。

而关于芝诺的生平，由于文字记载的东西很少，所以我们对此几乎什么都不知道。

古希腊大哲学家柏拉图在《巴门尼德篇》里记述了芝诺跟随他的老师巴门尼德到雅典访问的事。里面是这样写的："巴门尼德年事已高，约65岁；头发灰白，但仪表堂堂。那时，芝诺40岁左右，身材魁梧而美观，人家说他已变成巴门尼德所钟爱的人了。"不过，后来有希腊学者怀疑这件事是柏拉图自己编的，但是对书中所描写的芝诺的观点却是非常认同的。据说，芝诺为老师提出的"存在论"做了辩护，巴门尼德是从正面证明自己的观点——存在是"一"，而芝诺是用归谬法进行反证的：如果事物是多数的，那么比"一"的假设得出的结果更加可笑。

后来，芝诺又用这种方法，从"多"和运动的假设出发，一共推导出40个不同的悖论，这就是所谓的"芝诺悖论"。"芝诺悖论"之所以会出现，是因为当时的希腊正处于言论自由氛围之中，这才给了学者们探求真理的机会。但是很可惜，芝诺的著作失传了。不过，亚里士多德在《物理学》等著作有相关"芝诺悖论"的记载，这40个悖论只留下来了8个。虽然只留下8个，但是后人也不能完全理解，他们和亚里士多德一样，认为这些只不过是一些有趣的谬论而对此进行了批判。但是，人们并没有因此停止对"芝诺悖论"的研究。19世纪下半叶，有些学者又对"芝诺悖论"展开了深入研究，才发现数学中连续性、无限性等概念都和"芝诺悖论"有很大的关系。

在这8个谬论中，有2个关于运动的悖论最有名：一个是"阿喀琉斯跑不过乌龟"，另一个是"飞箭不动"。其中，"阿喀琉斯跑不过乌龟"讲的是希腊英雄阿喀琉斯和一只乌龟赛跑。现在假设阿喀琉斯的速度是乌龟的10倍，阿喀琉斯可以先让乌龟跑100米。虽然阿喀琉斯很快就跑到了乌龟刚才出发的位置。但是，这个时候乌龟已经跑了10米（100米的1/10）。接着，阿喀琉斯又很快跑了10米，这时乌龟又前进了1米……芝诺认为，乌龟总是领先阿喀琉斯一段距离，因为每当阿喀琉斯跑到乌龟所在的上一个位置时，乌龟已经又前进了一段距离，虽然这个距离越来越短，但阿喀琉斯是永远都追不上乌龟的。

这些悖论提出之后，当时的人们，乃至是后来的人们都无法理解，甚至连亚里士多德这样的智者都解释不了。但是，亚里士多德分明注意到了，芝诺总是从对方的论点出发，然后用反证法将对方的论点推翻，所以，他称芝诺是雄辩术的发明者。

芝诺从小生活在乡村，非常喜欢运动，可能完全是因为他自己的好奇心才提出了这些悖论，并不是想给那些城里的大人物制造恐慌。虽然芝诺时代已经过去2400多年了，但是关于他的争论一直没有停止过。尽管如此，但历史不会忘记芝诺这个名字。

第五节　柏拉图的数学理念世界

公元前427年，古希腊伟大的哲学家柏拉图出生了。柏拉图原名叫亚里斯多克勒斯，由于他的身体非常强壮，所以人们称他柏拉图。柏拉图在希腊语中是平坦、宽阔的意思。后来，人们就一直用柏拉图来称呼他。

我们知道，柏拉图是古希腊著名的哲学家，他的老师是大名鼎鼎的苏格拉底，而他的学生是亚里士多德。哲学界普遍认为这师生三人是西方哲学的奠基人。苏格拉底和柏拉图都是在雅典出生，而亚里士多德虽然不是雅典人，但他在那里学习之后，又在那里办了一所叫吕克昂的学校教授知识。苏格拉底一生都没有建立什么学派，也没有写书记录下自己的哲学思想。我们所了解的关于他的生平和哲学思想，大多记录在他的两个弟子柏拉图和色诺芬的著作中。苏格拉底在数学方面没有取得什么太大的成就，主要在逻辑学上做出了两大贡献——归纳法和一般定义法。

苏格拉底相貌平平，语言朴实无华，但脑子里却有着神圣的思想。苏格拉底一生都过着艰苦的生活，不管是夏天还是冬天，他始终穿着一件普通的单衣，经常光着脚走路，对吃饭也不讲究。但他从来都不在乎这些，只是专心地做学问。在他70岁那年，有人认为苏格拉底藐视传统宗教、腐蚀雅典青年的灵魂而对他进行了指控，苏格拉底被判处死刑。他的朋友和学生建议他逃走，但他毅然选择了死亡，最后服毒自杀。苏格拉底临死前表现出来的这种大无畏的精神，深深地刺激了柏拉图，也使他对当时的政体彻底失望，于是他把一生都献给了哲学。

苏格拉底死后，柏拉图离开雅典，先后游历了意大利、西西里岛、埃及、昔腊尼（今利比亚）等地。12年之后，他才回到雅典。在这期间，柏拉图认识了很多数学家，并向他们求教。回到雅典后，柏拉图在雅典城外创办了一所自己的学校，叫作阿卡德米学院。阿卡德米学院和现在的大学差不多，里面有教室、餐厅、礼堂、花园和宿舍等。他按照毕达哥拉斯学派的传统课题，设置了学院的课程，包括算术、几何学和天文学等。学院建立以后，柏拉图除了有几次应邀到西西里讲学之外，其他时间都是在学院里度过的。很多知识分子都是从阿卡德米学院毕业的，后来也有很多人在历史上留下了自己的名字，而其中最出名的就是亚里士多德。公元529年，阿卡德米学院被查士丁尼大帝关闭，它从创办到被关闭一直存在了900多年。

柏拉图一生写下了很多著作，流传下来的以他的名字署名的著作有40多篇，还有13封书信。柏拉图是一个伟大的哲学家，他的哲学思想大多是以对话的形式被记载了下来。这些著作的内容主要是政治和道德方面的问题，还有一部分讲了形而上学和神学方面的问题。柏拉图作为一位伟大的哲学家，他的思想不仅影响了欧洲的哲学，就连欧洲的整个文化和社会的发展都受到了极深的影响。

除了有人认为分析法和归谬法是柏拉图发明的之外，柏拉图在数学方面就没有什么特殊的贡献了。虽然如此，但阿卡德米学院在当时却是希腊数学活动的中心，他的弟子取得了很多重要的数学成就，例如，欧多克索斯就用纯粹的公理化方法初步解决了第一次数学危机。被称为"几何之父"的欧几里得早年就曾在阿卡德米学院学习过几何学。所以，人们把柏拉图称为"数学家的缔造者"。

而提出数学哲学理念并对其展开研究的人也是柏拉图。在他看来，数学要研究的对象不是现象世界的变化无常，而应该是理念世界中永恒不变的关系。他不仅把数学概念和现实中相应的实体区分开了，还把数学概念和代表相应实体的几何图形也区分开了。举个例子比较好理解，比如三角形的概念是唯一的，但在现实中存在很多具有三角形形状的现实物体，还有代表这些物体的三角形图形。柏拉图提出这一理念之后，就把起始于毕达哥拉斯对数学概念的抽象化定义又推进了一步。

《理想国》是柏拉图众多著作中最有影响力的一部。这部书一共有10篇对话，内容涉及政治学、伦理学、教育学和哲学等，其中第6篇谈到了数学假设和证明，就是先假设出一些东西，然后从这些假设出发进行推导，一直推导到想要的结论。这是一种演绎推理，当时在阿卡德米学院里已经非常盛行。

柏拉图非常推崇几何学，他甚至认为学习几何需要花费10年的时间。据说他的学院正门口写着"不懂几何学的人请不要进入"，可见他对几何学是非常重视的。柏拉图还严格规定必须用直尺和圆规来绘制数学图形，他的这一规定极大地促进了后来欧几里得几何公理体系的形成。

很显然，柏拉图充分意识到了，要想探索人类理想，就必须学好数学。而且他认为，谁不重视数学，谁就是"猪一样的家伙"。

第六节　测量地球周长的人

有人知道我们生活的地球，它的周长是多少吗？其实早在2000多年以前，就有一个人测量过地球的周长。这个人就是被称为"地理学之父"的埃拉托色尼。

公元前275年，埃拉托色尼在非洲北部的昔勒尼（在今利比亚）出生了，这个地方在当时是古希腊的殖民地。埃拉托色尼自幼聪明好学，在昔勒尼打下了良好的学习基础，到了雅典又受到了良好的教育。埃拉托色尼的兴趣爱好非常广泛，不仅通晓数学，在其他很多方面也非常厉害，其中在地理学和天文学方面的成就最高。

埃拉托色尼博学多才，当时的埃及国王欣赏他的学识，聘请他做皇家教师，并任命他做了亚历山大博物馆的一级研究员，后来又做了亚历山大博物馆的馆长。亚历山大博物馆在当时是西方世界的学术中心，里面收藏了非常多的古代科学和文学论著。在当时，亚历山大博物馆馆长是古希腊学术界最有权威的职位，只有德高望重的人才能担任，而埃拉托色尼能够担任这一职位，说明他在当时学术界的声望很高。

埃拉托色尼在担任亚历山大博物馆馆长期间，阅览了馆里收藏的所有地理资料和地图。埃拉托色尼在这些文献资料的基础上，编写了两本著作，一本叫《地理学概论》，一本叫《地球大小的修正》。这两本书是埃拉托色尼的代表作，为地理学的发展做了突出的贡献。不过很可惜，这两部书没有全部流传下来，我们只能通过一些残篇来了解埃拉托色尼和他的精辟见解。

《地理学概论》描述并绘制了有人类居住的那部分世界地图。在这之前，人们用的都是爱奥尼亚地图。在这本书里，埃拉托色尼使用了一种新的方法来绘制世界地图，这种方法叫作经纬网格，他用这种方法全面地改绘了爱奥尼亚地图。由于他在绘制过程中采用了精确的测量，同时又结合了所有天文学和测地学的成果，所以他所绘制的世界地图非常具有权威性，后来所有的古代世界地图都是在它的基础上绘制出来的。

《地球大小的修正》主要讲的是地球的形状，并计算了地球的周长。在计算地球周长时，埃拉托色尼同样也使用了一种精确的科学方法，而且这种方法是他自己创立的，其精确程度就是放在现在也是令人惊叹的。当然，在埃拉托色尼之前，也有很多人测算过地球的周长，但是他们没有足够的理论基础，所以测算出的结果不是很精确。而埃拉托色尼很聪明，他结合了天文学和测地学，提出了一个设想，就是在夏至日那天，分别在两个不同的地方同时观察太阳的位置，然后根据地上物体的影子的长短进行分析，最后总结出了这种精确地计算地球周长的科学方法。

那么，埃拉托色尼是怎么想到的呢？在离亚历山大城大概800千米的塞恩城附近有一口深井，夏至日那天正午太阳光可以一直照到井底，这个奇特的景象在当时相当有名。细心的埃拉托色尼经过观察发现，当夏至日正午的阳光直射井底的时候，塞恩城地面上的直立物体都没有影子，而亚历山大城地面上的直立物体却有一段很短的影子。他认为，塞恩城地面上的直立物体的影子是由亚历山大城的阳光和直立物体形成的夹角造成的。于是，他在夏至日这一天，在亚历山大城里选了一个很高的方尖塔作为参照，正午的时候他测量了方尖塔的影子长度，从而算出了方尖塔和太阳光射线之间的角度为7°12′，相当于圆周角360°的1/50。然后他从地球是圆球和阳光直线传播这两个前提出发，再根据泰勒斯的数学定律（一条射线穿过两条平行线时，它们的对角相等），从他自己想象出来的地心向塞恩城和亚历山大城引出两条直线，两条直线形成的夹角和亚历山大城的阳光与方尖塔形成的夹角相等。按照相似三角形的比例关系，两条直线形成的夹角所对应的弧长，就是塞恩城到亚历山大城的距离，即约800千米，这段距离也就是地球周长的1/50，所以地球周长大约是40000千米。而我们知道地球的实际周长是40076千米，埃拉托色尼能计算出这样接近的结果是不是很了不起？另外，埃拉托色尼还利用这种方法算出了太阳与地球间距离为1.47亿千米，这与其实际的距离1.49亿千米也相差得不多。在2000多年前，能测算出如此精确的数值，简直无法想象，那是非常了不起的。

第七节　希腊数学的黄金时代——《几何原本》

公元前330年，欧几里得出生于雅典，公元前275年去世，主要活跃在托勒密一世（公元前364—前283年）时期的亚历山大里亚。他是亚历山大前期到全盛时期的第一位大数学家和教育家，但是关于他的身世我们却知道得很少。当时的雅典是古希腊学术中心，欧几里得在浓郁的文化氛围中长大，耳濡目染，在他十几岁时，就很想进入柏拉图创立的阿卡德米学院学习，后来得偿所愿进入该学院求学。毕业之后，欧几里得受托勒密国王的邀请到亚历山大大学教学。

这里还有一个小故事。一天，一群年轻人来到柏拉图学园。前面我们说过，柏拉图在学院门口挂了一个木牌，上面写着"不懂几何学的人请不要进入"，是为了让学生重视数学。这群年轻人看到这个木牌，顿时犯了难，有的人说：我就是因为不懂几何才来求学的，如果我懂我还来干什么！正当大家不知道怎么办的时候，欧几里得从人群中走出来，看都不看那块木牌，直接推门走了进去。就这样，欧几里得成功进入了柏拉图学园。

希腊历史学家们认为，几何学是在古埃及兴起的，后来古希腊富商泰勒斯到埃及等地游历，学习了那里的数学，这样几何学就传到了古希腊。在泰勒斯、毕达哥拉斯和其他思想家的研究下，几何学在古希腊得到了很大的发展。

欧几里得的思想极具条理性，他对前人积累的几何学知识了如指掌，他发现这些几何学知识大多是零碎的，之间并没有太大的联系。于是，他决定把这些几何知识联系起来。为了完成这一工作量巨大的工作，他开始一点一点地收集以往的数学著作和手稿，向有关学者请教。同时开始写书，阐述自己对几何学的理解。就这样，欧几里得写成了数学巨著《几何原本》。在这部书中，欧几里得用逻辑思维把这些碎片化的几何知识串联了起来，创立了公理系统——欧几里得几何体系。在接下来的1000年中，希腊和罗马的学者一直在研究他的这个系统。在公元8世纪左右，这个系统又被翻译成阿拉伯语，被阿拉伯学者研究。在整个中世纪的欧洲，人们都将其作为逻辑思维的标准。在15世纪，人们第一次把它印成书出版，到现在已经有2000多个版本了。

欧几里得最早是在羊皮上写下的这部书，手稿一共有15卷，可惜没有流传下来。有人猜测，这部书可能是欧几里得用来教学的课本。亚历山大大学教授、数学家塞翁和他的女儿希帕蒂亚对《几何原本》原著做了校勘和注释修订，后来人们翻译出版的各种希腊文、阿拉伯文、拉丁文本，基本都是以这个修订本为蓝本的。除了1808年在梵蒂冈图书馆发现的公元 10 世纪的一个来历不明的希腊文手抄本外，其余都源自对原著做了校勘和补充的修订本，成为后来所有流行的希腊文及译本的基础来源。

在 1482 年印刷术第一次传到欧洲之前，欧几里得《几何原本》的手抄本已在欧洲流行了 1800 年左右。在 1808 年，有人在梵蒂冈图书馆发现了一本公元 10 世纪的希腊文手抄本，但是不知道是谁抄录的。它几乎超过基督教的《圣经》，从来没有一本科学书像它一样流传得那么广。英国物理学家牛顿的著作《自然哲学的数学原理》和荷兰哲学家斯宾诺莎的著作《伦理学》等，都是按照《几何原本》的体例写成的。

1607 年，《几何原本》传入我国，当时是意大利传教士利玛窦和明代科学家徐光启一起翻译了《几何原本》的前六卷。1857 年，英国传教士伟烈亚力和清朝翻译家、数学家李善兰才一起把整部书翻译完。

欧几里得的《几何原本》自出版以来，像吸铁石一样吸引了大量的读者，使人们产生了学习数学的兴趣。传说，有一位大哲学家有一天得到这本书，他随意打开书读了其中的一部分，立刻大叫道："这不可能，书里说的肯定不可能。"为了确定自己的判断，于是他又读完了整本书，这才发现自己的判断是错误的，而且对书中优美的结构、严谨的逻辑思维心悦诚服。

关于这部书，传说还有一个神奇的功效。据说，有一个人突然得了一场病，精神萎靡，浑身颤抖。他看了很多医生也没有好，一次他偶然翻开《几何原本》读了其中一卷，读完之后却发现自己浑身舒畅，病竟然好了。从此以后，只要一生病，他就会阅读这本书。他还把这本神奇的书介绍给朋友，说它比药还管用。

当然这只是个传说，并没有足够的证据。尽管如此，也说明《几何原本》对于数学界来说是非常重要的，而且对其产生了深远的影响。

第八节　数学之神阿基米德

我们知道，欧几里得是在亚历山大大学写成的数学巨著《几何原本》。当时，亚历山大是埃及的首都。国王托勒密一世为了把那些有学问的人聚集到亚历山大城，就命人修建了亚历山大大学，这所大学的规模和现在的大学差不多。国王托勒密一世又命人到处搜集数学、天文学、文学等各个领域的著作收藏在亚历山大的图书馆，据说里面藏了60多万卷纸草书。

欧几里得在亚历山大大学写成《几何原本》之后，使得亚历山大大学的名气立刻大了起来。很多好学的年轻人纷纷来到这里求学，其中最有名的就是阿基米德。从那以后，亚历山大就成了希腊民族精神和文化的中心。

公元前287年，阿基米德出生在希腊的叙拉古（西西里岛的东南）。阿基米德的父亲既是一个天文学家，又是一个数学家。在父亲的影响下，阿基米德从小对天文学和数学产生了浓厚的兴趣。

在阿基米德 11 岁的时候，他的父亲就把他送到埃及的亚历山大城，跟随许多著名的数学家学习，有数学大师欧几里得等人。阿基米德在亚历山大学习了很多年，吸收了东方和古希腊的优秀文化。阿基米德回到家乡后，依然和那里的人保持着书信联系，交流学术思想。也幸亏有了这些书信，才使得阿基米德的大部分学术思想被保存了下来。

阿基米德一生写了很多著述，可以算是数学史上著述最多的人。他的部分著述是以论文手稿的形式写的，内容包括数学、力学和天文学。我们现在所能看到的有几何学方面的《圆的度量》《抛物线求积》《论螺线》《论球和圆柱》《论劈锥曲面体和旋转椭圆体》《论平面图形的平衡或重心》，力学方面的有《论浮体》《阿基米德方法》。阿基米德还给当时的小王子写过一本科普书，叫作《沙粒的计算》。除了这些之外，保存下来的还有一本拉丁文的著作，叫作《引理集》，和一部用诗歌形式写的《群牛问题》，副标题是"给亚历山大数学家埃拉托色尼的信"。

在几何学方面，阿基米德最擅长探求面积、体积及相关的问题，在这一方面欧几里得没有他出色。阿基米德利用穷竭法算出了圆周率为3.14，在当时能得出这么精确的结果已经非常了不起了。他还用类似的方法得出了球表面积的计算公式。另外，他还借助力学的杠杆原理独创了一种新的方法，得出了球的体积的计算公式。

阿基米德所研究的数学，大多能够应用在现实生活中，在后世的著作中就记述了很多这方面的故事。古罗马建筑学家维特鲁威在他的著作《建筑十书》中记述了这样一个故事：当时的叙拉古国王让人给自己做了一顶金皇冠。在皇冠做成之后，有人却向国王告密，说做皇冠的人在皇冠里掺了银子。叙拉古国王想要弄清楚这件事到底是不是真的，于是请阿基米德来帮他。阿基米德为了解决这个问题，开始在家中冥思苦想，很多天都没有出门。一天，阿基米德准备洗澡。当他进入浴盆后，突然觉得自己的身体变得轻盈起来，他发现有一部分水流出了浴盆。阿基米德顿时明白，固体的体积是可以放入水中测量的，并能据此来判断固体的比重和质地。然后，他根据这一发现帮助国王解决了难题。

希腊最后一位大几何学家帕泊斯也曾在书中记载过一个故事。我们都知道，阿基米德有一句名言："给我一个支点，我就可以撬起地球。"阿基米德为了证明自己的话是正确的，他设计了一组滑轮，并用这组滑轮成功拖动了一艘大帆船。从那以后，国王对阿基米德佩服得五体投地，并当即宣布："从现在起，阿基米德说的话我们都相信"。就是到了今天，还有很多地方在使用阿基米德发明的滑轮，比如巨型的轮船要想通过巴拿马运河或者苏伊士运河，就得靠有轨的滑轮车来推动。

不仅如此，阿基米德还利用知识和智慧保卫过自己的家乡。这个故事是这样的：当时新兴的罗马帝国和富庶强大的西地中海国家迦太基由于势力的扩张，彼此发生了三次战争，历史上叫作布匿战争。公元前218年，两个国家爆发了第二次战争，当时的叙拉古和罗马是盟友。公元前216年，罗马军队战败，叙拉古国王立刻又和迦太基结成了盟友。公元前214年，罗马帝国派统帅马塞拉斯将军进攻叙拉古。

当时阿基米德就发明了起重机之类的工具，叙拉古军队就用这一工具先把罗马帝国的战船抓起来，再摔在地上。叙拉古人还用阿基米德发明的抛石机抛出巨石，打得罗马人抱头鼠窜。有的抛石机还抛出火球，烧毁了敌人的很多战船。马塞拉斯将军见叙拉古久攻不下，就改变策略，开始围困叙拉古。最后叙拉古弹尽粮绝而被攻陷，阿基米德也为国捐躯。

关于阿基米德的死，据说有好几个版本：一个罗马士兵闯入阿基米德的家，看见阿基米德正在地上研究几何图形，阿基米德让士兵等他得出计算公式再杀他，结果士兵不由分说直接杀了他；一个罗马士兵找到阿基米德，让他立刻去见马塞拉斯将军，阿基米德拒绝了他，就被那个士兵杀了；一个罗马士兵闯入阿基米德的家，看见阿基米德正在地上画几何图形，那个士兵打算破坏掉这个图形，被阿基米德呵斥"走开，不要动我的图"，那个士兵非常生气，就把阿基米德杀死了。

马塞拉斯将军得知阿基米德被一个士兵杀死了，非常生气，就把那个士兵当作杀人犯处死了，然后为阿基米德举行了隆重的葬礼，把他葬在了西西里岛。

第九节　西塞罗给"数学"起名

虽然阿基米德死了，但是后人并没有忘记他。过了100多年，有一天，一个年轻的罗马官员来到这里祭拜阿基米德。他看见阿基米德的墓上长满了野草，就叫人把野草清理干净，又把坟墓修整一新。这个年轻的罗马官员就是罗马共和国晚期的政治家、哲学家、律师、作家和雄辩家西塞罗。

话说，西塞罗出生时还出现了一个奇异的现象。公元前106年，西塞罗出生在意大利罗马南边的一个小镇上，在他出生的时候，他的母亲隐约听到神对她说，这个孩子长大以后一定会成才，而且他的才能足以改变国家。而西塞罗的人生，也如神话般充满了传奇。

西塞罗出生在上层社会，他的父亲是一名骑士，从小就受到了良好的教育。他上学之后，凭借自己的聪明才智和天赋，很快就成了学校里最好的学生，被人们称为"天才少年"。毕业之后，他前往罗马旁听希腊哲人斐洛的讲座，后来又跟随罗马政治家斯凯沃拉学习法律。

西塞罗对政治有很大的热情。虽然西塞罗出身于高贵的骑士家族，但是当时罗马的政治职位一直被几个大的政治家族霸占，而他的家族和这几个大政治家族又没有什么关系，所以西塞罗要想进入政府工作，可以说是非常困难，他只能通过从军或者从事法律工作来实现。西塞罗先从了军，但是经过一段时间后，他发现罗马共和国逐渐陷入了政治危机。所以他从军队退役，后来当了一名律师。由于"西塞罗"这个姓氏是鹰嘴豆的意思，所以，常常有人拿这个嘲笑他。这时，就有人建议他放弃或者换一个新名字，但是西塞罗没有接受这一建议，他对那个人说，他会让"西塞罗"这个姓氏比当时的贵族家庭司卡鲁斯和卡图鲁斯更加荣耀。

西塞罗青年时期的故事充满了正义的色彩。那时候的西塞罗一身正气，丝毫不畏惧权贵势力。当时，有一个叫罗斯克乌斯的人为了保护自己的财产，触犯了当时的独裁者苏拉，对方告他谋杀。由于害怕得罪苏拉，没人敢接这个案子，只有西塞罗不怕，他不但接下了这个案子，还帮助罗斯克乌斯打赢了这场官司。从此，他的名气越来越大。

后来，据说可能是害怕苏拉的报复，西塞罗就离开罗马，来到了希腊雅典。在那里他跟随柏拉图学园的哲学家斐洛和科里托马库斯学习，他的思想受到了这两个人的怀疑论的影响很大，所以他开始考虑要不要就在雅典定居下来专心研究哲学。但是很快，传来了苏拉死去的消息，西塞罗决定回罗马。他首先到了小亚细亚的罗德岛学习演讲，为自己从事政治工作做准备。在罗德岛毕业典礼上，西塞罗用希腊语进行了毕业演讲，当时他的老师们一个个听得目瞪口呆。因为西塞罗讲得实在太好了，在他们印象中，罗马人就是野蛮的代名词，所以他们在发现西塞罗竟然有这么高的演讲水平后，以为罗马人已经在所有方面超过了希腊人。

公元前63年，西塞罗得偿所愿，当了罗马共和国的执政官，成了他的家族中第一个从政的人。在他执政期间，有一个叫喀提林的人因为不满当时的政治统治，就想推翻罗马共和国。在此期间，西塞罗以高超的演讲天分，指责喀提林和他的追随者挥霍无度、生活糜烂不堪，最后，喀提林和他的追随者被施行绞刑。西塞罗因此获得了"祖国之父"的尊号。

西塞罗在法律和政治方面的工作积累，使他写成了《论法律》和《论国家》两部著作。他在《论法律》中提出了自然法的思想，他认为自然法适用于所有民族，而且自然法高于一切法律，效力也高于一切法律。

他在《论国家》中提出，每个人都要对自己的国家负责，并且在国家这个大集体中，每个人都应该以正义为做事原则，要共同谋求幸福和利益。他的这些观点是很理想化的。虽然如此，但西塞罗的这个观点还是引起了当时政界的轰动。

西塞罗除了以演说天分著称以外，他在文学方面也取得了一定的成就。他所写的诗歌得到了人们的赞誉，只是后来出现的更加优秀的诗人把他诗歌方面的光芒掩盖住了。

西塞罗超强的思辨能力，不仅使他在律师方面大放异彩，更使他在哲学方面比别人看得更高。再加上他早年的一些经历，他的思想得到了沉淀和升华。他在自己的哲学著作《论至善和至恶》和《论神性》中提出了一个观点，那就是人们应该综合各派的学说。他因此被认为是古代折中主义的典型代表。他在书中提到的一些哲学思想，即便是放到现在，也依然适用。

而且，西塞罗懂古希腊文和拉丁文，他翻译了很多古希腊的经典哲学著作，对拉丁语的传播和发扬做出了很大的贡献。而在翻译过程中，他把古希腊文"数学"一词翻译成拉丁文"mathematica"，英文中"数学"一词"mathematics"就是由此发展来的。

在古罗马帝国后期，经济和文化开始走向衰败，西塞罗的哲学思想也慢慢被人遗忘了。14世纪，文艺复兴在意大利兴起，西塞罗的哲学思想又慢慢走进学者们的视线里，并在这一时期极大化地扩散，对后世产生了深远的影响。

第十节 历史上第一个女数学家

　　希帕蒂亚是古希腊著名的天文学家、哲学家，也是世界上第一位女数学家。希帕蒂亚的父亲塞翁是古希腊科学家。公元370年，希帕蒂亚出生于亚历山大城，当时塞翁在亚历山大博物馆工作。希帕蒂亚出生在罗马帝国时期，当时基督教早已盛行，罗马皇帝利用宗教统治国家，数学、哲学、教育等也都被控制在宗教之下。

　　塞翁是有名的数学家和天文学家。希帕蒂亚是他的独生女，所以他非常重视对女儿的教育。希帕蒂亚很小就表现出了数学天分，10岁的时候就学会了很多算术和几何知识，知道怎么用相似三角形来测量金字塔的高度。塞翁为了培养女儿的思维能力和雄辩的口才，经常带她参加自己主持的学术讨论大会。塞翁经常教导她，要珍惜自己思考的权利，哪怕思考错了，也比不思考强。不光是这些方面，在哲学、文学、艺术等方面也都对希帕蒂亚进行了培养。他还经常带着希帕蒂亚参加一些体育活动，像游泳、划船、骑马、登山等。希帕蒂亚在父亲的悉心培养下，不仅学识日渐丰富，还培养了坚强的意志和毅力，以及很强的独立能力。

17岁时，希帕蒂亚在亚历山大城全城辩论大会上，以高超的辩论口才指出了芝诺悖论的问题出在哪里，一下子有了名气。20岁之前，她几乎读完了古希腊所有数学家的著述，但她觉得自己的水平还不够高，于是她又到雅典学习，可人还没到呢，她的名声就传到了那里。后来她离开雅典，到意大利求学。不管走到哪里，希帕蒂亚的美貌和才华都能吸引很多人的目光，尤其是男性。在这些人中出现了很多她的追求者，有高贵的王子，也有博学的哲学家。但是希帕蒂亚拒绝了他们，而且一生都没有结婚，她说："我要把一生都献给真理。"

约公元395年，希帕蒂亚学成归来，这时她已经是一个成熟的数学家和哲学家了。她进入亚历山大博物馆当了教师，教授数学和哲学。她的美貌和才学很快就吸引了大批学生前来学习。由于她擅长辩论，教学有方，当时的人们都称她为"圣人"。据说，只要信封上写着给亚历山大"艺神"或"哲学家"，那就肯定是给她的信。

除了教学之外，希帕蒂亚还帮助父亲塞翁修订和注释了欧几里得的《几何原本》和托勒密的《大综合论》，从中学会了怎么进行科学研究。后来，她自己完成了丢番图的《算术》和阿波罗尼奥斯的《圆锥曲线论》的注释工作。另外，她还写过一些论文和一些介绍柏拉图、亚里士多德等人的作品，不过很可惜的是，后来亚历山大图书馆被焚烧，只留下了一些作品的残片。

第三章

中国古代数学瑰宝

当古希腊数学渐渐走向衰落的时候，中国的数学正在蓬勃发展，蒸蒸日上。从先秦到宋元明清，可以说成就非凡，出现了很多数学瑰宝，形成了中国古代传统数学的宝库。

第一节　先秦时代的六艺之一

在古巴比伦文明和古埃及文明蓬勃发展的同时，在遥远的东方，黄河流域和长江流域也正传播和发展着另一种文明，那就是中华文明。

然而，在多数学者看来，由于在今天的新疆塔里木盆地和幼发拉底河之间存在一系列的高山、沙漠和蛮横的游牧部落，因此远古时代的人类几乎不存在远距离迁移的可能。受到这种情况的影响，中华文明与古巴比伦文明和古埃及文明有着巨大的不同。

公元前2700—前2300年，中国出现了传说中的五帝：黄帝、颛顼、帝喾、尧、舜，之后中华大地上又建立起一系列的王朝，像奴隶制社会夏、商、周和封建社会秦、汉，以及之后的封建王朝。在中国历史的漫漫长河中，许多珍贵的资料被勤劳的中国人民记录下来。这其中，就有数和形的相关记载。

尽管到目前为止，中国殷商时代的神秘甲骨文仍有许多没能破解的文字，但是在可以确定的资料中，已经发现了完整的十进制。在春秋战国时代，中国就有了严格的算筹计数。这种计数方法有两种形式，一种是纵，另一种是横，它们分别表示奇数位数和偶数位数，遇到零就以虚位表示。

司马迁的著作《史记·夏本纪》里说："（夏禹治水）左规矩，右准绳。"其中，"规"是指圆规，"矩"是指直角尺，"准绳"就是用来确定垂线的工具。这在几何学的历史上，或许算是很早的应用了。

我们知道希腊雅典学派非常喜欢探讨哲学和数学理论，非常难得的是，中国在当时正处于战国时期，而在这个时期，中国也产生了很多哲学家。中国大地上涌现出了诸子百家，呈现出了百家争鸣的景象。其中，著名的"墨家"代表作《墨经》中讨论了形式逻辑的一些规则，并在这个基础上提出了包括"无穷"在内的一系列数学概念的抽象定义。而那些擅长辩论的名家，似乎对无穷这个概念有着更深的理解。在道家的经典著作《庄子》中，记载了名家学派的开山鼻祖惠子的命题："至大无外，谓之大一。至小无内，谓之小一。"这里的"大一"说的就是无限宇宙，而"小一"则相当于赫拉克利特的原子。

惠子，姓惠名施，战国中期宋国（今河南）人，著名的政治家和哲学家，他是名家学派的主要代表人物，当时的名望很高。他在政治上，主张魏国联合齐国和楚国共同对抗秦国，政绩突出。他和当时著名的哲学家庄子是很好的朋友，两个人经常在一起辩论。他和庄子之间曾经发生过一场很有名的关于鱼乐的辩论，非常有意思。

庄子和惠子有一次到濠水岸边散步。庄子看见河里的鱼，便随口说道："你看河里那些鱼儿自由自在，多快乐啊！"惠子问道："你不是鱼，怎么知道鱼是快乐的？"庄子说："你不是我，怎么知道我不了解鱼的快乐呢？"惠子又问道："我不是你，自然不了解你；但你也不是鱼，自然也不能了解鱼的快乐！"庄子回答道："我们回到开头，你问我'怎么知道鱼是快乐的'，你这么问，其实就说明你已经承认我是知道鱼是快乐的。我可以告诉你，我是在濠水的岸边知道鱼是快乐的。"

惠子去世后，庄子叹息再也没有人能和他辩论了。

读完这个有趣的小故事后，我们来看看惠子关于数学概念的精彩言论吧：

矩不方，规不可以为圆；

飞鸟之影未尝动也，镞矢之疾而有不行不止之时；

一尺之棰，日取其半，万世不竭；

……

从他的这些言论可以看出，他的理论和希腊数学家芝诺的悖论有很多相似的地方。

令人遗憾的是，除了名、墨两家之外，儒、道、法等其他学派很少关注数学方面的论题，他们只对治国经世、社会伦理和修心养身之道有兴趣。这一点和古希腊学派的唯理主义有非常大的不同。公元前221年，秦始皇完成了对中国的统一大业，就此结束了百家争鸣的局面，他还下令焚烧了各国史书和民间的一些藏书，这对数学的发展产生了消极的影响。到了汉武帝时期又独尊儒术，这使得名、墨学派著作中的一些数学思想的发展也受到了影响。但是，社会的稳定、经济的繁荣，使得数学开始从实用和算法等方向发展，倒也取得了一定的成就。

第二节　《周髀算经》里的勾股定理

西汉后期，中国处于第一个数学高峰的上升阶段。通常认为，中国最为重要的古典数学名著《九章算术》就诞生在那个年代，而数学著作《周髀算经》的成书时间比它年代更为久远一些。

《周髀算经》的具体成书时间已经没有办法考证。对于数学史家和考古学家而言，这都是一个巨大的遗憾。对中国古代科学技术研究颇深的李约瑟则认为《九章算术》中蕴含着比《周髀算经》更为高深的数学知识和理论，认为前者的成书时间比后者早两个世纪。李约瑟在他的著作《中国科学技术史》里这样写道："这是一个十分复杂的问题……书里的一部分运算结果是那么古老，让我们不由自主地相信它们的年代甚至可以追溯到战国时期。"

《周髀算经》的遗憾不仅在于成书时间无法求证，就连它的作者是谁都不知道，这和《几何原本》的命运有所不同。在这部著作中，有两个数学结果最让人感兴趣。一个是大家都知道的勾股定理，也就是关于直角三角形的毕达哥拉斯定理。有趣的是，这个定理是以对话的形式出现的。对话的双方分别是西周初年的政治家周公和大夫商高，两个人讨论的内容，恰恰是勾股测量。这两个人可以说是中国历史上与数学有关的最早留名的人。

周公是周文王的儿子、周武王的弟弟。周武王死后，周公开始管理朝政，并平定了叛乱。后来，周公又将朝政大权交还给了周成王。周公主张以礼治国，他制定了中国古代的礼法制度，使得周朝延续了800多年，孔子将其视为理想的楷模。在回答周公的问题时，商高提到了"勾广三，股修四，径隅五"。商高说的这种情况，是勾股定理的特例，所以它又被称作商高定理。

此外，书中记载了周公后人荣方和陈子之间的一段谈话，其中包含了勾股定理的一般形式：

"……以日下为勾，日高为股，勾股各自乘，并而开方除之，得邪至日。"

从中可以看出，勾股定理是从天文测量中总结出来的规律。而《周髀算经》中那个非常重要的公式，正是日高公式。在早期天文学和历法编制过程中，这一公式都被广泛应用。

除了上述两个重要的定理和公式，书中还涉及分数的应用、乘法的讨论和寻找公分母的方法等内容，这充分说明平方根在当时已经有所应用。

还有一个需要关注的重点是，这本书中的对话提到了大禹、伏羲和女娲使用规和矩，这说明当时已经出现了测量术和应用数学。而且，书中还零星提到几何学产生于计量。据此，李约瑟提出，这似乎说明中国人在远古时代就已经具有算术和商业头脑，但是对与具体数字无关的抽象几何学并没有太大的兴趣。

让人深感欣慰的是，公元 3 世纪的东吴数学家赵爽在注释《周髀算经》时，运用面积的出入相补法证明了勾股定理的正确性。

第三节　中国古代第一部数学专著——《九章算术》

　　《九章算术》是中国古代的第一部数学专著，是"算经十书"中最重要的一部。"算经十书"是汉唐时代出现的十部古算书。那么《九章算术》是什么时候写完的呢？魏晋时刘徽为《九章算术》进行注释时这样说："周公制礼而有九数，九数之流则《九章》是矣。"又说"汉北平侯张苍、大司农中丞耿寿昌皆以善算命世。苍等因旧文之遗残，各称删补，故校其目则与古或异，而所论多近语也"。从这里可以看出，西汉的张苍和耿寿昌都对《九章算术》这本书做过增补，它成书的最晚时间在东汉前期，但是主要内容在西汉后期就已经基本定型了。

　　班固根据刘歆的《七略》写成的《汉书·艺文志》中，记录的数学书只有《许商算术》和《杜忠算术》，并没有关于《九章算术》的记录，这说明《九章算术》成书要比《七略》晚。历史学家范晔编撰的《后汉书·马援传》里面有这样一句话，说马援的侄孙马续"博览群书，善《九章算术》"。我们知道，马续是西汉末年至东汉初年的人，公元49年去世。再根据《九章算术》中有关年代的官名和地名等来推断，《九章算术》大约是在公元1世纪的下半叶成书的。

汉代以后的数学家开始学习和研究数学，基本都是从《九章算术》学起的，很多数学家都曾为它做过注释。唐宋两代，朝廷明文规定，将《九章算术》作为教科书教授学生知识。北宋元丰七年（1084年），政府还曾出资刊刻过《九章算术》，这也是全世界第一本印刷本数学书。清朝的时候，戴震曾经从《永乐大典》中单独抄出《九章算术》，对它进行了校勘。后来把《九章算术》编入《四库全书》时，用的就是戴震校勘过的版本。

《九章算术》全书共有九章，内容非常丰富。书中一共收录了246个问题，这些问题都和人们的生产、生活分不开，每个问题基本都包括题目、答案和解题步骤三个部分，只不过，有的问题是一个题目和一个解题步骤，有的问题则是多个题目一个解题步骤或者一个题目多个解题步骤。根据题目的性质和解法来分的话，这些问题分别属于方田、粟米、衰分、少广、商功、均输、盈不足、方程和勾股等类型。

《九章算术》对后世的影响十分深刻，以至于其后的中国数学著作大都采取两种形式：或是给它做注释，或是模仿它的体例著书。但是《九章算术》也有无法忽视的缺陷：完全没有数学概念的定义，也没有推导和证明的过程。直到公元263年，刘徽给《九章算术》做了注释，这个巨大的缺陷才得到了弥补。

即便如此，《九章算术》在数学发展史中的地位也是难以撼动的：

1.《九章算术》是世界上最早系统阐述分数运算的著作。

2.《九章算术》中收录的很多比例问题，在世界范围内也是相对较早的。

3.《九章算术》提到的"盈不足"的算法要做出两次假设，这是数学界的一项创新，中世纪欧洲将它称作"双设法"。有学者认为，它是经中世纪阿拉伯国家由中国传到欧洲去的。

4.《九章算术》对生产、生活实践中的许多几何知识进行了梳理和总结，给出了许多面积、体积的计算公式，并记述了勾股定理的具体应用。

5.《九章算术》中记录了丰富的代数内容，在当时处于世界先进水平。

6.《九章算术》是世界上第一部阐述负数及其加减运算法则的数学著作。

作为一部世界闻名的数学著作，《九章算术》不仅为中国的数学发展做出了杰出贡献，早在隋唐时期就已经传到朝鲜、日本，对当地古代数学的发展也起到了很大的推动作用。到目前为止，《九章算术》已经被翻译成了日语、俄语、德语和法语等多种版本。

第四节　中国古代数学的高峰——《数书九章》

　　《数书九章》的作者是中国南宋数学家秦九韶，他年少时曾在杭州学习，长大之后，他先后在湖北、安徽、江苏等地做过官员。1244年，秦九韶的母亲逝世，他回到故乡为母亲守孝。在守孝这段时间里，他潜心研究数学，最终在1247年完成了著作《数术大略》（明代后期被改名为《数书九章》）。这本书是秦九韶仅有的一部数学著作，但它的影响和作用足以令秦九韶成为宋元时期杰出的数学家之一。

　　《数书九章》中的题目，不仅有"答案"和数学原理及解题步骤，还有用筹进一步详尽解释的筹草和用筹算表示数码进行计算的图式，而且，一些题目还配上了示意直观图形或平面几何图形（共26幅）。所以说，这部著作比《九章算术》更具直观性、规范性及可读性。

　　《数书九章》中的题目共分为9类，每一类包含9个问题，一共是81题。主要内容有：

1. 大衍类：一次同余式组解法。

2. 天时类：历法计算、降水量。

3. 田域类：土地面积。

4. 测望类：勾股、重差。

5. 赋役类：均输、税收。

6. 钱谷类：粮谷转运、仓窖容积。

7. 营建类：建筑、施工。

8. 军族类：营盘布置、军需供应。

9. 市物类：交易、利息。

"大衍术"是中国古代数学家提出的最著名的定理，在西方国家，人们称它为"中国剩余定理"。在著名的《孙子算经》里，提到了"物不知数"的问题："今有物不知其数，三三数之剩二，五五数之剩三，七七数之剩二，问物几何？""答曰二十三"。不过在传说中，"物不知数"这个问题还有别的由来。

秦朝末年，韩信率领汉军和楚军交战。一场大战之后，汉军死伤数百人，韩信便下令整顿兵马返回驻地。

军队走到一处山坡时，士兵忽然报告楚军的骑兵追来。此时汉军将士已经非常疲乏。韩信命令士兵 3 人站成一排，结果多出 2 名士兵；他又命令士兵 5 人站成一排，结果多出 3 名士兵；他再命令士兵 7 人站成一排，结果还是多出 2 名士兵。韩信立刻对将士们说："我们有 1073 名战士，敌人才不到 500 人。"

听了韩信的话，汉军将士立刻有了信心，很快就把楚军打败了。

对于韩信遇到的人数问题，秦九韶给出了相应的求解过程，他采取的是"辗转相除法"（欧几里得算法）和"大衍求一术"，这就是"大衍术"的由来。

1801年，德国数学家高斯在他的著作《算术研究》里也给出了完全一致的答案，只是他并不知道中国数学家早就已经做到了这一点。

1852年，英国传教士伟烈亚力将秦九韶取得的成就译成英语带到欧洲。到了欧洲之后，又被迅速翻译成德文和法文，受到了欧洲人士的普遍关注。至于究竟是什么人在什么时候将它命名为"中国剩余定理"，到目前为止仍然是个谜。

像对待剩余定理一样，中国古代的数学家对数学计算都颇为看重，遗憾的是没有足够的理论基础。但是无论怎样，剩余定理都算得上中国人发现的最具世界性影响的定理。可以说，它是世界上任何一本基础数论教科书中都不可或缺的定理之一，并且被推广应用到抽象代数之中。另外，在密码学、快速傅里叶变换理论等诸多领域中，也可以看到它的应用。

《数书九章》在数学理论方面有很多新的发现和见地，对数学的发展起到了推动作用。比如，对自然数、分数、小数、负数都有专门的论述；"大衍求一术"可以规格化、程序化地解决一次同余式组的问题；测望类的问题是对《海岛算经》中测望术的发扬光大，等等。

《数书九章》涵盖了宋元时期中国传统数学的主要成就，是中国古代数学高峰期的代表作品之一。它处于手抄本阶段的时候，就已经先后被收入《永乐大典》和《四库全书》。1842年，《数书九章》的印刷版本首次出现，就在中国民间广泛流传。

　　《数书九章》中的"正负开方术"和"大衍求一术"，影响了中国数学的研究方向很长一段时间。焦循、张敦仁、骆腾凤、黄宗宪等数学家在完成各自的著述时，都多多少少地受到了这本书的影响。秦九韶所取得的研究成果，代表着中世纪世界数学发展的主流与最高水平，在世界数学史上享有崇高的地位。

第五节　刘徽的割圆术

在中国历史上，有一个东汉逐渐分裂、隋朝尚未建立的时代，这就是动荡不断的魏晋南北朝时期。这个时期，在经历了长期的独尊儒术之后，学术界的思辨之风再度风靡，因此出现了时至今日依然为人津津乐道的"魏晋风度"和"竹林七贤"。

我们常说的"魏晋风度"，指的是魏晋时期名士们的风度，也被称作"魏晋风流"。那时候的名士，都崇尚自然，率直任性，也不管世上的事情，只喜欢隐居的生活，喝酒谈天，常常聚在一起展开辩论。他们将《周易》《老子》《庄子》推崇为"三玄"，以至于清谈或玄谈成为崇尚虚无空谈名理的一种风气。魏末晋初，以诗人阮籍、嵇康为代表的"竹林七贤"，就是最为著名的代表人物。

受到这种社会和人文环境的影响，中国的数学研究也掀起了空前的论证热潮，许多为《周髀算经》和《九章算术》做注释的数学著作面世，实际上就是为这两部著作中的一些重要结论给出证明。先驱人物是三国时吴国人赵爽，但是成就最大的要数刘徽。

公元263年，刘徽撰写了《九章算术注》，他用分割几何图形然后重新拼合（出入相补法）等方式，对《九章算术》中的各个图形计算公式的正确性进行验证，这和赵爽证明勾股定理一样，树立了中国古代史上对数学命题进行逻辑证明的典范。刘徽当然也发现了这种方法存在的缺陷，因为立体图形和平面图形并不一样，所以并不是任意两个体积相同的立体图形都可以采用分割后拼合的方法。为了消除这个缺陷，刘徽采用了无限小的方法。结果，他借助极限和不可分量这两种无限小的方法，发现并指出《九章算术》中的球体积计算公式是不正确的。

准确地说，刘徽是在一个立方体内作两个相互垂直的内切圆柱，两个圆柱相交的部分恰好把立方体的内切球包含其中并且和它相切，他把它叫作"牟合方盖"。刘徽经过演算发现，内切球和牟合方盖的体积之比是 $\pi/4$。实际上，这个结果与积分学中以意大利数学家命名的"卡瓦列利原理"得出的结果十分接近。令人遗憾的是，他没能总结出一般列式，导致没有办法计算出牟合方盖的体积，所以也就没有得出球体体积的计算公式。但是，他采用的方法为两个世纪之后祖冲之父子的最终成功奠定了基础。

实际上，《九章算术注》里不仅是对《九章算术》的注释，书中第十章是刘徽撰写的一篇论文，后来又被单独刊行，也就是我们熟悉的《海岛算经》。《海岛算经》促进了古代天文学中的"重差术"的发展，让它成为测量学的经典著作。当然，刘徽所做的价值最大的工作就是在"注方田"（《九章算术注》第一章）中运用割圆术，来计算圆的周长、面积和圆周率，这样做的主要目的是用圆内接正多边形去逼近圆。书中是这样写的：

"割之弥细，所失弥少，割之又割，以至于不可割，则与圆合体而无所失矣。"

刘徽两次利用勾股定理，计算出圆周率大概是 3.14，并称它为徽率。刘徽得出的结果和算出这一结果的方法，和阿基米德在公元前 240 年计算出的结果和方法差不多是一样的，唯一的不同就是阿基米德利用的是圆的外切和内接正多边形。

由于刘徽在数学领域取得了令人瞩目的成就，宋徽宗于公元 1109 年封其为淄乡男。由于当时被封的其他人都是用他们各自的故乡命名的，所以从这个封号可以推断出，刘徽是山东人。孔子也是山东人，山东是儒学的发祥地。从两汉到魏晋，经过几百年的积淀，学术思辨氛围已经非常浓厚。刘徽生活在这样的氛围下，受到了很好的文化熏陶，他通过分析数学之理，建立了中国传统数学的理论体系。他所创的"割圆术"在人类历史上第一次将极限和无穷小分割应用到数学证明中，成了人类文明史上不朽的篇章。

第六节　书香之家出身的祖冲之

　　祖冲之，公元429年出生于建康（今南京）。他的祖籍是范阳郡遒县，也就是现在的河北涞水县。在西晋末年，北方发生战乱，祖冲之的先辈们就从祖籍迁到了江南。祖冲之的祖父和父亲都曾在朝廷做官，学识渊博。他的祖父经常给他讲"斗转星移"，他的父亲经常让他读各种书。祖冲之从小就受到了良好的家庭教育，加上他勤奋好学，所以他对文学、哲学和自然科学都非常感兴趣，特别是对天文学，简直是入了迷，很快大家就都知道了他博学多才的名声。

　　在自己的著作中，祖冲之曾经写道，他从小的时候就"专功数术，搜练古今"。他把留传下来的有关数学的著作都读了一遍。而且，他主张决不"虚推古人"，对前人的一些理论保持质疑的态度，时常反复进行精密的测量和仔细的推算，总是"亲量圭尺，躬察仪漏，目尽毫厘，心穷筹策"。

南朝宋孝武帝时期，朝廷有一家学术研究机构，叫作华林学省。孝武帝听说了祖冲之的大名，便让他进入华林学省做研究工作，后来又把他调到总明观任职。在当时，总明观是全国最高的科研学术机构。总明观里拥有天文、历法、术算等方面的各种书籍，祖冲之到了里面如饥似渴，几乎把所有的藏书都看了一遍，为他以后的研究工作打下了坚实的基础。

南朝宋大明五年（461年），祖冲之担任南徐州（今江苏镇江）刺史府里的从事，先后还当过南徐州从事吏和公府参军。即使条件艰苦，祖冲之也没有停下自己的学术研究工作。第二年，祖冲之精心编写了《大明历》，并把它送给了宋孝武帝，请求皇帝将《大明历》公布实行。宋孝武帝把满朝懂得历法的官员全都召集起来，让他们对这部历法研究一番，最终，宋孝武帝宣布在大明九年（465年）开始实行这部新的历法。

后来，祖冲之又先后到娄县(今江苏昆山县东北)、建康(今江苏南京)等地当官，一直到南朝刘宋王朝灭亡。在这十几年的时间里，祖冲之也没有闲着，他花了大量的时间和精力来研究机械制造，发明制造了很多机械工具，有用铜制机件传动的指南车，有一天能走百里的"千里船"和"木牛流马"，有用水力加工粮食的水碓磨，还有计时用的漏壶和欹器。

对于知识的严谨态度，使祖冲之在各个领域都取得了卓越的成就。其中，他对圆周率数值的精确推算，对于中国乃至世界来说，都是一个非常突出的贡献。

圆周率的应用范围非常广泛，中国古代数学家们也非常重视它。

在《周髀算经》和《九章算术》中，就有"径一周三"的说法，将圆周率定为3；东汉的张衡更进一步，推算出圆周率为3.162；三国时期，王蕃推算出的结果是3.155；魏晋时期的著名数学家刘徽算出的近似值是3.14，且已经说明圆周率的实际数值比这个数值要大一些。南朝时期，何承天算出的圆周率为3.1428，皮延宗求得的数值约是3.14。

祖冲之认为，从秦汉一直到魏晋这几百年里，计算圆周率最成功的数学研究者是刘徽，但是他演算出的结果并没有达到精确的程度，于是，祖冲之决定做更加精益求精的研究。

经过周密的计算，祖冲之算出圆周率（π）的真实值在3.1415926和3.1415927之间，也就是将圆周率值计算到小数第7位。祖冲之是世界上第一位做到这一点的科学家，而且他给出了圆周率的两个分数形式：22/7（约率）和355/113（密率）。后来，人们为了纪念祖冲之，把"约率"叫作"祖冲之圆周率"，简称"祖率"。

在圆周率研究领域，祖冲之取得的成绩是具有积极的现实意义的。"釜"是古代比较常见的一种量器，深度通常为1尺，外形是圆柱体。祖冲之用最新推算的圆周率数值修正了古代的容积计算方法，求出了精确的数值。另外，他重新推演了汉朝刘歆所造的"律嘉量"，同样利用自己算出的圆周率校正了数值。在祖冲之发现"祖率"之后，人们在制造量器时往往都会采用这一数值。

祖冲之曾撰写《缀术》五卷，主要记载隋朝历史的纪传体史书《隋书》里这样评价《缀术》："学官莫能究其深奥，故废而不理"，认为《缀术》里所讲的理论知识非常深奥，计算相当精密，就算是学识渊博的人也很难理解，在当时可以算是数学理论书籍中最难的一本。在《缀术》这部书中，祖冲之阐述了两个概念——"开差幂"和"开差立"。

"差幂"的意思是面积之差，"开差幂"指的是在已知长方形的面积和长宽的差的情况下，采用开平方的方法来求得它的长和宽。

"开差立"则是在已知长方体的体积和长、宽、高的差的情况下，采用开立方的方法来求得它的边长。这里所用的计算方法已经是用三次方程来求解正根的问题，这种方法在历史上从来没有出现，祖冲之开创了数学史上的解题先河。

祖冲之除了在数学和机械制造方面很在行之外，在文学方面，他写过《述异记》，可惜后来失传了，只能在《太平御览》等书中看到一些片段；在哲学方面，他写过《易义》《老子义》《释论语》《庄子义》等书。另外，他对音律也很有研究。

第七节　和尚数学家僧一行

僧一行是唐朝的开国功臣。关于他是哪里人，根据正史《旧唐书》记载，说他是魏州昌乐（今河南省南乐县）人；唐代郑处诲写的《明皇杂录》里记载他是巨鹿（今河北省巨鹿县）人；宋代《太平广记》和宋代赞宁的《宋高僧传》里也都说他是巨鹿人。

僧一行从小就很喜欢读书，到20岁左右时，他已经读了经史子集各种典籍。僧一行对阴阳五行之学非常精通，他曾经写过一本书，专门用以阐释扬雄的《太玄》，在当时引起了很大的轰动。后来，一行走了3000多里地，到天台山国清寺向一个大师学习数学，学识越来越高，名声也越来越大。

武则天的侄子武三思听说他的大名之后，为了赢得一个礼贤下士的美名，便拉拢一行，想和他交朋友。一行知道武三思名声不好，就不想和他结交，但是又怕受到武三思的迫害，没有办法，只好逃走。在逃跑的路上，一行遇到了一位高僧，名叫普寂禅师。两个人很投缘，僧一行就跟随普寂禅师出了家。

当时，有一位叫卢鸿的隐士，他知道一行有非常高的才学，就对普寂禅师说，这个人不是你能教导的，还是让他出门游学去吧。于是，普寂禅师就让一行外出另寻名师高僧。在寻访的过程中，一行认真学习，刻苦钻研，取得了令人惊叹的成绩。他对天文、历法、阴阳五行等都有深刻的见解，在数学方面同样取得名扬后世的成就。

僧一行在数学方面所取得的成就，多体现在他发明了优越性较高的计算方法。在编写的历法书《大衍历》中，他提出了自变数不等间距的二次差内插法，这比刘焯发明的等间距二次内插法更加优越和高效；他将自印度传入的正弦函数融入算法，令其在编制天文数表时发挥了巨大作用；他提出了含有三次差的近似内插公式，展现了自己在数学方面的造诣。

涉及中国古代数学史的许多著作都曾介绍一行在数学领域取得的巨大成就，而且对他的评价都很高。例如，《中国数学史》（科学出版社，1964年）就曾专门开列专题，用于介绍一行的"自变量不等间距的二次函数内插公式及其算法"这一伟大成就。

僧一行通过观察，发现了星体的运动规律，提出了月亮比太阳离地球近的科学论点，这是人类历史上第一次提出这样的论点；他还发明制成了既能演示日、月、星辰的视运动，又能自动报时的水运浑天仪，这是世界上最早的计时器；他还第一次用科学方法测定了地球子午线。

另外，他还用两年时间，编写了《大衍历》。这部历法自颁布实行以来一直被人们沿用了 800 多年。经过当时历法学家们的鉴定，《大衍历》比祖冲之的《大明历》、刘焯的《皇极历》和李淳风的《麟德历》等当时已有的其他历法都要精密、准确，即使是在当时的全世界范围内都是比较先进的历法。后来，《大衍历》传入日本、印度，也沿用了近百年，极大地影响了这两个国家的历法。

僧一行在数学和天文历法领域所取得的伟大成就，为唐代科学技术的发展做出了突出的贡献。

第八节　会造桥和打仗的秦九韶

数学不像其他一些感性的东西显得那么五彩斑斓，许多时候，它只是一堆堆冰冷的数字，一个个无生命的公式，或者是一些非常抽象的概念。但是，它或许比其他任何一门科学更能影响我们的生活，许多时候，只是我们自己感受不到而已。

可以说，我们的生活是离不开数学的。比如，买纸和笔时，我们要算账；到外面游玩时，需要计划行程与时间；设计一个产品，要测量、计算它的各种数据；建一座房子或造一座桥也要进行许多精确的计算。

就拿造桥来说吧，我国有悠久的历史。古人在造桥的时候，并不是想当然，想怎么造就怎么造，要想使造出的桥既美观又结实耐用，就必须计算各种数据。

要知道，在中国古代，数学可是属于"九九贱技"，是上不了台面的。即便如此，还是出了不少数学家，如刘徽、李冶、朱世杰、祖冲之、杨辉、徐光启等，当然，秦九韶也是其中之一。

秦九韶，字道古，南宋人，1208年生于四川普州（今成渝之间）安岳，并在那里长大。秦九韶的父亲是一位进士，做过朝廷的官员，曾在京城做过工部郎中和秘书少监，工部郎中主要掌管营建，而秘书少监则掌管图书，有点像我们今天的图书管理员。这为秦九韶创造了一个很好的读书环境，他也从中获得了一些有关天文历数方面的知识。

秦九韶的数学启蒙老师叫陈元靓，他学识渊博，酷爱看书，而且对数学非常有研究。他曾写过一本书，叫《事林广记》，内容包括天文地理、社会文学等。所以，秦九韶慕名来求学，陈元靓见他非常聪明，便爽快地收下了这个学生。

在随父亲在京城生活的那几年，秦九韶在学问上有很大长进。人们评价他"性极机巧，星象、音律、算术，以至营造等事，无不精究"，意思是，他非常机灵，脑子很聪明，上知天文，下知地理，而且对音乐、数学也很在行，不管是建造什么，没有他不精通的。由此可见，他绝对算得上是当时的"杰出青年"了。

1232年，秦九韶如愿考中了进士，从此开始步入仕途，先是做了县尉，就像我们今天的公安局长，后又做了通判，也就是掌管粮运、农田、水利及诉讼等方面的工作。他先后在四川、湖北、安徽、江苏、江西、广东等地做官。但是，秦九韶并不喜欢做官，他的心思全在建筑与数学上。

1236年，元朝军队攻入四川，当时在故乡的秦九韶不得不时常组织一些军事活动。后来，他在《数书九章》的序中说："时际兵难，历岁遥塞，不自意全于矢石之间，更险离忧，荐莽十祀，心槁气落。"这说明那段时间社会非常动荡。因为元军攻势很猛，难以抵挡，他不得不离开家乡，先是到湖北蕲春做通判，后到安徽和州做太守。在不处理公事的时候，他就四处搜集有关历学、数学、星象、音律和营造等方面的文献，进行分析、研究。

1238 年，秦九韶的父亲去世，他回到临安。在回家的途中，他发现西溪河上没有桥，河两岸的人往来非常不方便。于是，他决定在这条河上造一座桥，并设计了一个方案，然后又从官府那里筹来银两。很快，桥就造好了。因为建在西溪河上，所以就被叫作"西溪桥"。元代初年，大数学家朱世杰来到杭州，提议将"西溪桥"更名为"道古桥"，以纪念他非常敬仰的前辈秦九韶，并亲手将桥名书镌桥头。

还有一次，由于四川成都府路（今天成都一带）、潼川府路（四川东部、重庆西部地区）遭遇旱灾，官府组织农民修石坝、石堰，这时，秦九韶利用自己掌握的数学知识指导农民的修建工事。另外，他对那些因河水泛滥，庄稼被淹后边界不清的田地进行测量，帮助老百姓化解了不少纠纷。

这段时间，秦九韶学有所用，用自己的数学知识解决了不少问题，但这些与他的重要成就比起来，实在算不上什么。作为一名杰出的数学家，他在数学方面的最大贡献，就是创作了举世闻名的《数书九章》。

公元 1244 年，秦九韶在今天的南京（建康府）做通判时，母亲离世，于是他回到浙江湖州守孝。在守孝期间，他不再考虑官场上的事，潜下心来研究数学，花三年时间完成了 20 多万字的巨著《数书九章》，一时间无人不晓。加上他在天文历法方面具有丰富的知识，而且取得了不俗的成就，所以曾得到宋理宗赵昀的召见。

那秦九韶为什么要创作《数书九章》呢？据说，是因为他发现过去的历法使用时间久了会出现误差，于是，想对传统历法进行一次改革。

在南宋，《数书九章》又叫《数学大略》，或是《数术大略》，是中国古代数学专著，在"算经十书"中位列首位。这本书在明朝时被收入《永乐大典》，并更名《数书九章》，在清代时，又被收入《四库全书》。

在《数书九章》中，秦九韶创造了"大衍求一术"，后被称为"中国剩余定理"。大衍问题最早出现在《孙子算经》中，书中提及"物不知数"问题："今有物，不知其数，三三数之剩二，五五数之剩三，七七数之剩二，问物几何？"在今天看来，这属于求解一次同余式方程组问题。

宋代数学家秦九韶在《数书九章》中对这类问题的解法进行了系统的论述，并称之为大衍求一术。这在当时是非常领先的，德国著名数学家史家康托尔给予大衍求一术高度评价，称发现这一算法的人是"最幸运的天才"。

除此之外，《数书九章》里的"正负开方术"也有很高的数学价值。"正负开方术"，也就是今天我们所说的"秦九韶程序"。现在我们在小学、中学、大学的数学课程中，都可以看到相关的定理、定律。

《数书九章》在继承《九章算术》优点的同时，进行了改革创新。全书结构清晰，通过从现实生活中提出问题，再讲解答题原理与步骤，最后给出详细的解题过程。即使在今天，书中提出的许多解题方法和经验，也具有非常高的参考价值，所以，它也被誉为"算中宝典"。

第九节　贾宪三角形

在《九章算术》流传的过程中，曾有许多人为它做过注释。而说到其中贡献最为突出的三位数学家，应该是刘徽、贾宪和杨辉。而且，这三人在其中发挥的作用不尽相同——刘徽奠定了理论基础，贾宪提高了理论水平，杨辉则基本完善了《九章算术》中提到的理论。

从传承的角度来说，贾宪发挥着承上启下的作用。贾宪曾写过两部著作，分别是《黄帝九章算经细草》（九卷）和《算法敩古集》（二卷）。可惜的是，这两部著作如今都已经失传了。后来，南宋数学家杨辉在自己的著作中引用了贾宪在数学方面的一些研究成果，才让后人知道了贾宪对我国数学所做出的贡献。

贾宪取得的主要成就，是他创造了"增乘开方法"和"贾宪三角"。

增乘开方法，就是求高次幂的正根法。现在中学数学中学习和运用的综合除法，主要原理和程序都和它相似。和传统的方法相比较，增乘开方法更加整齐和简洁，而且程序化更强，因此在开高次方时，尤其能看出它的优越性。在国际上，贾宪发明的增乘开方法的计算程序与欧洲数学家霍纳发现的方法基本一样，但是在时间上比他早了 770 年左右。

从"贾宪三角"这个名字就可以看出，在中国数学史上，贾宪是最早发现和利用贾宪三角形来开方作图的。杨辉在他的著作《详解九章算法》中引用了"贾宪开方作法本源"图。书中引用的"贾宪开方作法本源"图，就是贾宪三角形。除此之外，杨辉还对贾宪发明的释锁开平方法、释锁开立方法、增乘开平方法和增乘开立方法等数学方法进行了详细的解说。这一系列的数学方法，都说明贾宪对算法抽象化、程序化、机械化做出了积极且重要的贡献。

从另一个方面来说，魏晋南北朝时兴起的数学研究热潮到唐朝时中断，而贾宪的数学方法论对宋元时期的数学研究热潮起到了推波助澜的作用。

贾宪在分析问题的时候，喜欢抽象分析，从中揭示数学本质；善于通过程序化，阐述方法的原理；注重知识的系统化梳理，以免产生悖论。他的这些数学思维，对宋元时期的数学家都产生了深刻的影响。杨辉在撰写《详解九章算法》时，就借鉴了贾宪的抽象和探索成果，重新分类和归纳了《九章算术》中的问题；李冶编写《测圆海镜》时也继承和发扬了他的数学方法，建立起逻辑严密的演绎体系。朱世杰在撰写《四元玉鉴》的过程中，也运用了他的思想方法，从而创作出我国古代数学史上难以超越的扛鼎之作。

当然，一些数学思想方法并不是贾宪首创，而是一代又一代的数学家研究、积累而来，只不过由贾宪进行了深刻的提炼和良好的传承。这一点，从他对后世的影响就可见一斑。

第一，贾宪的"增乘开方法"开创了开高次方的研究课题，秦九韶在这个基础上开创了更为先进的"正负开方术"，使得高次方程求正根的问题顺利解决。随着从李冶的天元术（一元一次或高次方程）到朱世杰的四元术（四元一次或高次方程组）的发展和完善，在14世纪初期，一套完整的方程学理论总算得以建立。

第二，贾宪三角的出现，为高阶等差级数求和问题指明了研究方向，朱世杰在此基础上先后发现了"三角垛""撒星形垛"等高阶等差级数求和公式。

第三，"增乘开方法"简化了计算程序，并提升了程序的合理性，这对后来出现的筹算、捷算甚至是算具的改进都有一定的启迪意义。

第四章

与宗教离不开的古印度数学

古印度是一个宗教文化很发达的国度，尤其是佛教文化。古印度数学的起源和发展都与宗教密不可分。零的引入和阿拉伯数字的发明，为数学的发展奠定了基础。古印度人创造的数学成就，就像明珠一样耀眼和引人注目。

第一节　宗教带来的数学启示

大约 4000 年前，当古埃及人、古巴比伦人和中国人以自己的方式发展河谷文明时，以游牧为生的雅利安人从中亚细亚穿越冈底斯山脉，抵达印度北部之后，他们就在这里定居下来。

在雅利安人来到此地之前，当地已经居住着被称为达罗毗荼人的原住民。达罗毗荼人在那里已经至少生活了 1000 年，但令人深感遗憾的是，早期达罗毗荼人使用的象形文字与中国的甲骨文一样难以破解。所以说，对于这个时期的印度文明，我们知道的很少。数学方面的发展情况，自然也就没办法知道了。

雅利安人首先一点儿一点儿地征服了当地的达罗毗荼人，使得印度北部地区变成了印度的文化核心区，吠陀教（印度教前身）、耆那教、佛教和锡克教等宗教都是在这里诞生的。其中，吠陀教是印度最古老且有文字记载的宗教。

稳住根基以后，雅利安人选择向东进发。他们横穿恒河平原之后，来到了如今的比哈尔邦一带。在这样的不断扩张下，雅利安人逐渐把影响扩散到整个印度。他们在进入印度之后的第一个千年里，就创造出书写和口语的梵文。

雅利安人创造的吠陀教和梵语，是古代印度文化的根基所在。

吠陀教是一种重视祭礼的多神教，对于一些与天空和自然现象有关的男性神灵尤其崇拜，在这一点上，与随后兴起的印度教有很大的差异。祭礼以宰牲献祭为中心内容，还要榨制和饮用苏摩酒。只不过，过分烦琐的仪式和清规戒律让许多人难以接受，这导致吠陀教逐渐走向衰亡。

之所以取名吠陀教，是因为该教只有唯一的一本圣典《吠陀》。这部圣典的主体部分是用梵文书写而成的，其中最重要、最古老的几个吠陀本集，内容既包括对于诸神的颂诗，也含有散文体或韵文体的祭辞。

在本集之外，《吠陀》还融入了附加文献，其主要作用是阐释和说明祷颂诗和祭辞，共分为三个部分：《梵书》《森林书》和《奥义书》。《梵书》的主要内容是讲解祭祀仪式规则；《森林书》的主要内容是阐述各种祭祀理论和灵性修持的方法；《奥义书》的主要内容则是揭示怎样摧毁个体灵魂的无明，引导灵性修持者拥有最高的智慧和完美的成就，以及摆脱对物质世界、世俗诱惑和肉体小我的执着。

起初，《吠陀》是由祭司口头传诵的，后来才用棕榈叶或树皮记录下来。尽管《吠陀》的大部分内容已经失传，但让人深感欣慰的是，残留的《吠陀》中有涉及庙宇、祭坛的设计与测量的内容——《测绳的法规》，也就是《绳法经》。毫不夸张地说，这本书是印度最早的数学文献。在此之前，我们只能在钱币和铭文上看到零碎的数学符号而已。

第二节　《绳法经》和佛经

《绳法经》大约成书于公元前 8 世纪—公元前 2 世纪，目前保存相对完好的共有 4 种，分别以其作者或作者所代表的学派命名。

《绳法经》记录的主要内容是修筑祭坛的法则，包括祭坛的形状和尺寸等。当时，古印度人修建祭坛大多修成正方形、圆形和半圆形三种形状，也有一些修成了等腰梯形。而在面积方面，无论使用什么形状，祭坛的面积一定要相同。也就是说，古印度人一定要学会（或已经学会）画出等于或整数倍于正方形等面积的圆，以便建造半圆形的祭坛。如果是其他等面积的几何图形，就需要解决更多新的几何问题。

在设计此类有固定规制的祭坛时，基本的几何知识和理论是必须要掌握的，如毕达哥拉斯定理等。对于这个定理，古印度人的表述是："矩形对角线生成的（正方形）面积等于矩形两边各自生成的（正方形）面积之和。"在这个时期，印度数学中的一些理论只是用文字表达的求面积和体积的近似法则，它们通常来自人们的经验，既没有连贯的表述，也没有任何演绎证明。

公元前 599 年，耆那教的创始人摩诃毗罗（又称大雄）出生在比哈尔邦。30 岁左右时，他放弃财产、离开家庭，去寻找真理。后来，因为抵触吠陀教的繁文缛节和婆罗门至上的种姓制度，他创立了耆那教。

在梵语里，"耆那"的本意是胜利者或征服者。耆那教的教义认为，这个世界上没有所谓的创世之神，时间无穷无尽，宇宙无边无际，世间万物只有灵魂和非灵魂的区别。耆那教研究的领域和原始经典所涉及的范围十分宽泛，在阐明教义之外，对文学、戏剧、艺术和建筑等方面也有谈及，并对其做出了重大的贡献。在这之中，也有一些数学和天文学的基础原理和结论。在公元前 5 世纪—公元 2 世纪这段时间里的一些著作中，就有圆周长、弧长等近似计算公式的记录。

相较而言，佛陀认为世间一切皆无常，不管是外在事物还是人的身心，都处于不断变化的状态下。所以，它不会对祭坛的面积做出严格的规定。佛教愿意接纳任何人，不论种姓如何。而且，它不认为人和人之间存在任何本质差异。

与耆那教和印度教比起来，佛教其实更像一种哲学观念，尤其在印度这个地方。佛教看待时间的态度也很不一样，从中多少能看到一点数学的影子。比如，大概是受到印度一年有三个季节（雨季、夏季、旱季）的影响，在佛经里，白昼和黑夜也各自被分成了三个部分，分别是上日、中日和下日，初夜、中夜和后夜。说到年份，则是 100 年为一世，500 年为一变，1000 年为一化，1.2 万年为一周。

还有更有意思的事情，那就是时间的分割方法。在佛学中，时间的最小单位通常是"刹那"。梵语里则有"刹那"和"一念"的说法，通常认为一念有 90 刹那。

　　公元前 6 世纪，在耆那教和佛教兴起的同时，吠陀教徒中广泛流传灵魂再生、因果报应和借助冥思苦想来摆脱轮回的理念，并由此进一步脱胎成印度教。

　　随着时间的推移，内容涉及几乎全部人生的印度教慢慢主宰了整个印度次大陆，甚至成为许多尼泊尔人和斯里兰卡人的信仰。与此同时，数学也渐渐摆脱了宗教的影响，成为研究天文学的有力工具。

第三节　0 是怎么出现的

在印度的历史上，孔雀王朝的建立是一个不可能被忽视的话题。在阿育王统治下，孔雀帝国达到鼎盛，在历史上写下了炫目多彩的一笔。在印度历史上，阿育王被视为最伟大的君主，他一生都在宣扬和传播佛教，是佛陀之后使佛教成为世界性宗教的第一人。

在孔雀帝国出现之前，印度的部分地区曾被亚历山大大帝占领。后来亚历山大大帝率兵返回波斯。在这之后，阿育王的祖父将亚历山大大帝留下的部队赶走，随后又征服了印度北部，建立起印度历史上的第一个帝国，也就是孔雀王朝。

亚历山大大帝的入侵虽然最后失败了，但是它所带来的影响是巨大的。它在西方的希腊和东方的印度之间架起了一座沟通的桥梁，带动了西方文化和东方文化的交流。在数学和其他科学领域，希腊文明对印度的发展起到了许多积极的作用。公元 5 世纪的一位印度天文学家曾经在他的著作中这样写道："希腊人虽不纯正（凡持不同信仰的人都被视为不纯正）但必须受到崇敬，因他们在科学方面训练有素并超过他人。"

1881年夏，在今巴基斯坦（在当时和古代相当长的一段时间里都隶属于印度）西北部的一个名叫巴克沙利的村庄里，一个佃户在挖地的时候，发现了一份写在桦树皮上的手稿。手稿的主要内容是公元元年前后数个世纪的数学（也称耆那教数学）知识，内容非常丰富，涉猎十分广泛，涉及分数、平方数、数列、比例、收支与利润计算、级数求和、代数方程等方面的知识。这之中，还有减号的记载，只是在当时，它的样子更像如今的加号，而且是写在减数的右边。这个发现意义最大的部分在于，这份手稿里记录了完整的十进制数字，其中零用实心的点号来表示。

表示零的实心点号，经过慢慢的演变之后，最终变成了圆圈，也就是我们现在使用的"0"。从相关记载和物证可以确定，最晚在公元9世纪，0就已经出现，因为在瓜缪尔的一块凿刻于公元876年的石碑上，可以清晰地看到数字"0"。石碑上刻的两个"0"虽然个头不大，但刻得十分清楚。

毫无疑问，用"0"表示零是印度人的一个伟大发明。"0"既可以表示"无"，又可以表示位值制数字计数法中的空位。它是数的一个基本单位，能和其他数一起计算。相较而言，早期巴比伦的楔形数字和宋元以前的中国算筹计数法，都是为零留出空位却没有符号。在这之后，尽管古巴比伦人和玛雅人引入了"零"的概念，但只是用它表示空位而没把它当作一个独立的数字来使用。

公元8世纪之后，包括"0"在内的印度数字传入阿拉伯世界，然后通过阿拉伯世界又传到欧洲。公元 13 世纪初，斐波那契的《算经》里已经有介绍包括 "0" 在内的完整的印度数字的内容。印度数字和十进制计数法在欧洲受到普遍认可并被改造之后，在近代科学的发展过程中扮演了重要的角色。

第四节　最早的印度数学家阿耶波多

　　阿耶波多是公元 5 世纪末印度的著名数学家及天文学家，他也是印度历史上迄今为止最早在古代印度数学及天文学领域有记载的数学家及天文学家。他的主要著作有《阿耶波多文集》《阿里亚哈塔历书》和《雅利安悉檀多》。

　　根据《阿里亚哈塔历书》记载，阿耶波多是在印度纪元中的卡利纪 3600 年，也就是公元 499 年写成这本书的，那时候他 23 岁，所以阿耶波多是在公元 476 年出生的。但是书中并没有说他的出生地。600 多年以后，印度数学家婆什迦罗在书里说阿耶波多"属于阿萨玛卡国的人"。曾经有一支阿萨玛卡国的人住在讷尔默达河和哥达瓦里河之间，所以很多学者认为阿耶波多就是在那里出生的。但是也有一些学者从天文学著作上找到了一些证据，说阿耶波多是在喀拉拉邦的科东格阿尔卢尔出生的。

阿耶波多曾在库斯马波拉学习和生活过一段时间。部分诗文记载，他曾是当地一个社会组织的首领。当时，那烂陀大学有一座天文观察台，所以人们推测阿耶波多在这个大学担任过一些职位。

在阿耶波多的著作中，出现了在公元 3 世纪才首次使用的数位体系。只是，阿耶波多使用的并不是婆罗门文中的数学符号，而是用字母表中的字母去代表数字。在这种情况下，法国数学家乔治·爱法尔始终坚持认为，阿耶波多已经在他的著作中暗示了将 0 作为 10 的指数运用在系数为 1 的变量前。

阿耶波多在《阿里亚哈塔历书》一书中提供了精确度达 5 个有效数字的圆周率近似值，他给出的圆周率计算方法是："100 加 4 再乘 8，再加 62000，就得到直径是 20000 的圆周长近似值。"

在三角学方面，阿耶波多同样做出了很大的贡献。他制作了一个正弦表，并按照巴比伦人和希腊人的思维习惯，把圆周分成 360 度，每一度又分成 60 分，这样，整个圆周就被分成了 21600 分。于是可得等式 $2\pi r = 21600$，由此算出半径 $r = 3437.746$，略去小数部分之后，可以得到 r 的近似值是 3438。接着，依次算出第一象限内每隔 3°45′ 的正弦长。如 $\sin 30° = 1719$，$\sin 45° = 2431$ 等。

阿耶波多的这种算法，包含着弧度制的思想。而弧度制的精髓，就是统一度量弧长与半径的单位。也就是说，阿耶波多认为可以用相同的单位来度量曲线和直线。而且，他只计算半弦的长度（相当于现在的正弦线）而非全弦的长度。在这一点上，阿耶波多的思维和希腊的托勒密明显有很大的区别。

公元 494 年，阿耶波多完成了《阿耶波多文集》的创作，这是他对自己一生成就的梳理和总结，很可惜的是，这本书早已经失传。近年来，《阿耶波多历数书》被发现，其主要内容包括《天文表集》《算术》《时间的度量》《球》等，共有 121 行诗，其中两篇文章谈论数学，论述了包括计数法、整数的运算法则、自然数平方、立方和公式、分数的约分和通分法则、三率法、算术数列、三角垛等在内的数学问题，还有假设法、逆形法和特殊的线性方程组解法及一次不定方程（组）的解法。

这是阿耶波多在公元 499 年写成的一本天文学书，原来的名字叫《圣使历数书》，后来到了 8 世纪末，被翻译成阿拉伯文，才改名叫作《阿耶波多历数书》。这本书使印度历数天文学系统化。

为了纪念阿耶波多的伟大成就，1976 年，印度举行了阿耶波多诞辰 1500 周年纪念大会，并在苏联发射了一颗以他的名字命名的人造卫星，这也是印度第一颗人造卫星。

第五节　会解不定方程的婆罗摩笈多

在阿耶波多之后，又过了一个多世纪，印度才出现了另一位重要的数学家——婆罗摩笈多。

很有意思的一件事是，在这 100 多年的时间里，全世界都没有出现一位著名的数学家。

约公元 598 年，婆罗摩笈多出生于印度中央邦西南部的城市乌贾因，并在那里成长起来。中央邦是印度面积最大的邦，和比哈尔邦紧挨着。这两个邦是古代印度政治、文化和科学的中心地带，生活在这样的环境中，婆罗摩笈多对科学和文化自然更容易产生浓厚的兴趣。

更何况，尽管乌贾因从来没有机会成为任何一个统一王朝的都城，却是实实在在的印度七大圣城之一。北回归线从乌贾因的北郊经过，印度地理学家确定的第一条子午线也从乌贾因穿过。可以说，这里是继巴特那之后古代印度的数学和天文学中心。

婆罗摩笈多长大成人之后，一直在世界上最古老的乌贾因天文台工作。在望远镜被发明之前，它绝对算得上最负盛名的天文台之一。

婆罗摩笈多有两部著名的代表作留世，分别是《肯达克迪迦》和《婆罗多修正体系》，这两本书都是天文学著作，是婆罗摩笈多多年学习钻研之后的知识精华。

《肯达克迪迦》是在婆罗摩笈多去世之后才刊印的，其中也有正弦函数表。但是，他所用的方法与阿耶波多的方法又有所不同，被称作"二次插值法"。

《婆罗多修正体系》一共有24章，里面有更多介绍数学知识的内容。其中，"算术讲义"和"不定方程讲义"两章是专门论述数学的。"算术讲义"主要对三角形、四边形、二次方程、零和负数的算数性质、运算规则等展开研究；"不定方程讲义"则将一阶和二阶不定方程作为研究对象。其他各章的内容尽管和天文学研究的关系比较紧密，但其中也涉及许多数学知识。

拿零的运算法则当作例子，婆罗摩笈多是这样写的："负数减去零是负数，正数减去零是正数，零减去零什么也没有，零乘负数、正数或零都是零……零除以零什么也没有，正数或负数除以零是一个以零为分母的分数。"在这里，婆罗摩笈多首次提出了以零为除数的问题，这也是世界上关于这类问题的最早文字记录。将零当作一个具体数字进行运算的数学思想，被后世的印度数学家一代代继承下来。

另外，婆罗摩笈多还提出了负数的概念和符号，并提出了相应的运算法则。"一个正数和一个负数之和等于它们的绝对值之差"，"一个正数与一个负数的乘积为负数，两个正数的乘积为正数，两个负数的乘积为正数"，这些理论和研究结果，在当时都处于世界领先水平。

当然，婆罗摩笈多对数学界的最大贡献，是解下列不定方程（佩尔方程）：

$nx^2 + 1 = y^2$（n 是非平方数）

实际上，首先在欧洲提出这类方程的数学家是费尔玛，可是由于 18 世纪的瑞士数学家欧拉犯了一个错误，将其错记为由佩尔提出，所以后人便将它们称为佩尔方程。在解答佩尔方程时，婆罗摩笈多采用了一种非常特殊的解法，并将其命名为"瓦格布拉蒂"。

不仅如此，婆罗摩笈多还给出了圆内接四边形的面积公式，以及一元二次方程的一般求根公式，不过稍微有些遗憾的是，他丢了一个根。

最后需要重点提及的是，他利用两组相邻三角形的边长比例关系，为毕达哥拉斯定理提供了一个漂亮的证明。

第六节　南印度的数学天才马哈维拉

婆罗摩笈多曾经说过一段话："正如太阳之以其光芒使众星失色，学者也以其能提出代数问题而使满座高朋逊色，若其能给予解答则将使侪辈更为相形见绌。"从他的话中可以看出，在他生活的那个年代，乌贾因地区有着良好的学术氛围，历史上也有"乌贾因学派"之说。但是令人遗憾的是，在婆罗摩笈多去世之后的4个多世纪里，乌贾因竟然连一位杰出的数学家都没有出现。造成这一情况的主要原因，大概是政治的动乱和王朝的更迭。

不过，这并不意味着印度在数学上没有什么发展。因为在印度南部比较偏僻的地区还出现了两位数学天才——马哈维拉和婆什迦罗（见本章第七节）。

在印度的历史上，印度南部和印度北部有着并不一致的发展轨迹，这是因为印度南部有地势较高的德干高原和两座山脉构成的天然屏障，再加上纳巴达河的护佑，使得它并没有像印度北部一样遭受外国的侵略。无论是雅利安人，还是亚历山大大帝的军队，都没有涉足这里。其他国家的入侵，对印度南部的影响也是微乎其微。

在印度南部，同时存在着几个较大的独立政权国家或王朝。各个国家之间为支配权相互竞争，但是谁都没能实现统一各国的目标。即便在互相对抗的情况下，这些国家也都有着良好的发展势头。这是因为，每个国家或王朝都与东南亚保持着紧密的联系，积极发展海上贸易。

在印度南部的诸多王朝里，有一个叫作拉喜特拉库塔的王朝。在这个王朝的鼎盛时期，马哈维拉在迈索尔的一个耆那教徒家庭诞生了。长大成年之后，马哈维拉在拉喜特拉库塔王朝的宫廷里度过了相当长的一段时间，从这个角度上说，他算是一位宫廷数学家。

大约在公元 850 年，马哈维拉创作出《计算精华》，这本书在印度南部被广泛使用。公元 1912 年，这部著作被翻译成英语版本，在马德拉斯（今金奈）出版。这本书是印度第一部初具现代教材形式的教科书，其中提到的一些论题和结构，即便在如今的数学教材中依然可以看到。更加可贵的一点是，《计算精华》是一部很纯粹的数学著作，内容中几乎没有任何的天文知识，这一点与前人的著作完全不同。这本书一共有 9 章，零的运算、二次方程、利率计算、整数性质和排列组合等研究成果是最具价值的。

马哈维拉指出，一个数字乘以 0 的结果是 0；一个数字减去 0 不会使该数字发生变化；一个数字除以一个分数，就等于乘以这个分数的倒数，等等。

还有一件非常有趣的事，那就是马哈维拉对一种叫"花环数"的游戏非常痴迷。这种游戏的玩法，是将两个整数相乘，如果得出的乘积的数字呈中心对称，马哈维拉就把它称为"花环数"。比如：

$14287143 \times 7 = 100010001$

$12345679 \times 9 = 111111111$

$27994681 \times 441 = 12345654321$

在耆那教的典籍中，收录了一些简单的排列组合问题，马哈维拉对前人的成果进行分析总结之后，首先提出了我们现在熟知的二项式定理的计算公式。

另外，马哈维拉对一次不定方程的库塔卡解法进行了改进，并深入研究了古老的埃及分数，从而证明1可以表示成任意多个单分数之和，任何分数都能表示成偶数个指定分子的分数之和，等等。

还有，他对某些高次方程的求解方法、平面几何的作图问题、椭圆周长和弓形面积的近似计算公式等，也进行了深入的分析和研究。

当然，马哈维拉也曾犯过错误，比如他曾断言负数的平方根是不存在的。

第七节　为女儿写作的数学家——婆什迦罗

婆什迦罗是印度数学家和天文学家。婆什迦罗的父亲是一个正统的婆罗门教徒，对占星术很有研究，曾写过一本这方面的书，非常流行。1114 年，婆什迦罗在印度南部的比杜尔出生，成年后，一直在乌贾因工作直到去世，是乌贾因天文台的主持人。

印度数学从产生一直发展到婆什迦罗生活的年代，已经积累了很多的成果。婆什迦罗在吸收了前人这些成果的基础上又加以改进，同时展开进一步的研究，取得了比前人更高的成就，尤其是在数学和天文学方面成就最大。

他在数学和天文学方面著作比较多，流传下来的有《丽罗娃提》《算法本源》《天文系统极致》《关于天文系统极致的研究》《探索珍奇》《关于拉纳的〈锡亚赫迪达坦罗〉的注释》等。他的这些著作有很高的诗作技巧，说明他的文学造诣也很深。

《丽罗娃提》和《算法本源》是两部十分重要的数学名著，代表着公元1000—1500年印度数学的最高水准。在书中，他总结了前人像婆罗摩笈多等数学家的数学问题，并进行了研究，填补了这些人著作里的很多不足。

　　《丽罗娃提》全书共有13章，主要内容包括整数和分数运算、计算平方根和立方根、算术中的反演法和试位法、算术级数的求和法、面积和体积的计算、不定方程的求解、组合学等。

　　"丽罗娃提"是婆什迦罗的女儿的名字，他之所以用女儿的名字作为书名，是因为这里面有一个故事：丽罗娃提结婚之前，通过占卜得知，她婚后会有灾祸降临。婆什迦罗进行了测算，算出婚礼只有在某个时间举行才能消除灾祸。婚礼当天，正当丽罗娃提等待着"时刻杯"中的水平面下降到期待的那个刻度时，不知为何她头饰上的一颗珍珠忽然掉了下来，正好将杯孔堵住，水无法再流出来，也就没法测定出准确的时间，结果导致婚礼没能在恰当的时间举行。没想到，在结婚不久之后，丽罗娃提真的失去了丈夫。为了安慰自己的女儿，婆什迦罗便教她算术，并用她的名字作为自己的著作的名字。

　　《算法本源》共有8章，内容主要是与代数相关的知识，包括正负数法则、整系数一次和二次不定方程的解法、线性方程组、二次方程、勾股定理的证明、线性不定方程组的实例、二次不定方程等。

　　印度人用缩写文字和符号来表示未知数和运算，这为代数学的发展做出了巨大的贡献。婆什迦罗创作的《丽罗娃提》和《算法本源》两部著作就是这方面的代表作品。

在几何方面，婆什迦罗所做的工作大部分都是以婆罗摩笈多的成果为基础展开的。比如，球形的表面积＝4×圆面积，等等。在《丽罗娃提》中，婆什迦罗还探讨了很多直角三角形和相似三角形的问题。在婆罗摩笈多的《不定方程讲义》中，也可以看到许多同类型的问题，可见婆罗摩笈多对婆什迦罗产生了多么巨大的影响。

不可通约量最早是由希腊人发现的，只不过他们在很长一段时间里都不承认无理数是数。婆什迦罗与一些印度数学家一起，清除掉无理数与有理数之间的坚固壁垒。在运算过程中，他们将无理数和有理数做相同的处理，而对两者之间存在的巨大鸿沟，他们总是视而不见。

在世界数学史上，微积分学经历了漫长而曲折的发展过程。在微积分学创始人牛顿和莱布尼茨研究这一领域之前，古希腊数学家阿基米德和中国古代数学家刘徽就已经在计算面积和体积的某些法则中，体现出朴素的积分学思想。婆什迦罗在求解球体的表面积和体积时，也使用了类似的解题方法。

在天文学研究中，婆什迦罗也表现出十分高深的微分学思想。为了更加精准地掌握行星的运行规律，他引入了"瞬时法则"，也就是把一天分成很多小的时间间隔，这样能在相继时间间隔末观测行星的运动位置。

婆什迦罗和他的著作，在印度都拥有非常高的地位。在马哈拉施特拉邦的巴特那，曾经发现过一块与婆什迦罗有关的重要碑刻。根据碑文记载，公元1207年8月9日，当地的权贵曾向一个教育机构捐献了一笔款项，其目的就是资助学者们对婆什迦罗的著作展开研究，而他们最先开始研究的，就是《天文系统极致》。

第八节　印度人发明了阿拉伯数字

　　我们现在熟知和使用的阿拉伯数字，实际上最早起源于印度。只不过它们是由阿拉伯人传播到西方的，西方世界误以为是阿拉伯人发明的，所以便称它们为阿拉伯数字，而且一直沿用至今。这样的误会在数学界并不少见，只是为了便于知识的传承和传播，很多错误的名称并没有改正过来。拿阿拉伯数字来说，它的起源最早可以追溯到公元前3世纪中期出现的印度古代婆罗门数字。

　　刚开始的时候，印度数字是没有位值系统的，在写多位数字的时候，一定要在数字后面写上"百、千、万"等数位词。到公元1世纪时，印度人在铺上细沙的陶片上进行计算时，就不再使用在数字后面写上"百、千、万"等数位词的方法，而是直接按顺序将数字书写上去，并用一个实心点来表示"0"。在公元5世纪末的印度数学家阿耶波多的著作中，已经出现了位值制，在大约同时期发现的"巴克沙利手稿"中，也能看到清晰的"0"。

公元 628 年，数学家婆罗摩笈多首次将"0"定义成数字。只是，用实心点来代表"0"的做法，在这之后又延续了 100 多年。

公元 700 年左右，一些印度数学家变成了阿拉伯人的战俘，他们被押解到当时阿拉伯帝国的首都巴格达，并受命在当地教授数学知识。印度数学和它的计算方法运用起来既简单又便捷，很快就受到当地学者和商人的欢迎。

公元 9 世纪，巴格达出现了一位伟大的数学家阿尔·花拉子米。阿尔·花拉子米是智慧宫（类似亚历山大博物馆）的主持者，他撰写了《印度的计算术》一书，这本书后来被传到欧洲，十进制的阿拉伯数字也随之传入西方。

阿尔·花拉子米还写过另一本书，名叫《积分和方程计算法》。这本书传到欧洲之后，被很多大学当作教材使用，并一直沿用到 17 世纪。这本书从基础层面进行阐述，将代数学描述成一门可以与几何学并肩而立的独立学科。鉴于阿尔·花拉子米取得的巨大的进步，他被后人尊称为"代数学之父"。

在数学发展的历史中，曾出现过两种阿拉伯数字：东阿拉伯数字和西阿拉伯数字。东阿拉伯数字与现代阿拉伯文中的数字形式非常接近，西阿拉伯数字经过发展之后则成为如今世界通用的阿拉伯数字。

公元 10 世纪时，曾在西班牙巴塞罗那学习过数学的教皇西尔维斯特二世，曾经试图在欧洲推广阿拉伯数字，并为此做出极大的努力。

阿拉伯数字在欧洲受到认可并逐渐普及的过程中，公元 13 世纪的数学家斐波那契在其中发挥了极为重大的作用。斐波那契是意大利人，年轻时曾跟随做生意的父亲四处游走，他走遍了地中海沿岸各国，并跟阿拉伯人学习了许多数学知识。回国之后，他撰写了系统介绍阿拉伯数字的《算经》一书。这本书不仅将阿拉伯数字带到欧洲，也影响并改变了欧洲数学的面貌。在这之后，每个欧洲人都开始使用简单、便捷的阿拉伯数字。而中国开始使用阿拉伯数字，则是在元朝时期。

第五章

数学文明的传播者——阿拉伯人

阿拉伯人不仅创造了灿烂的伊斯兰文化，还在传播人类文明方面做出了突出贡献。巴格达建造的智慧宫和亚历山大城建立的图书馆，翻译和收藏了大量的古希腊、古印度和波斯人的著作，既继承了人类古典文明的辉煌成果，也为阿拉伯文化的发展奠定了基础。

第一节　接受外来文化的阿拉伯帝国

　　人类发展到现在，建立过很多强大的国家，其中就有阿拉伯帝国。这里讲的阿拉伯帝国，指的是中古时期阿拉伯人所建立的伊斯兰帝国（公元 632 年—1258 年）。那时候的阿拉伯人，一手拿着《古兰经》，一手拿着长刀，四处征战，建立了疆域横跨欧洲、亚洲、非洲的大帝国。直到 1258 年，蒙古大军攻破阿拉伯帝国首都巴格达，这个存在了 626 年的强大帝国才算退出历史舞台。

　　阿拉伯帝国建立之后，为了巩固自身的统治，并满足商人们对商路和土地的要求，开始了长达 100 多年的扩张运动，并建立了一个地跨亚、欧、非三洲的封建军事帝国，最强盛的时候，疆域面积达 1340 万平方千米。

　　公元 635 年，哈里发的军队分成两路同时进攻拜占庭帝国和波斯萨珊帝国。被称作"安拉之剑"的哈立德·伊本·韦立德，在亚尔穆克河畔大败拜占庭大军，占领了叙利亚首府大马士革。阿拉伯军队的节节胜利，迫使耶路撒冷于公元638年主动归顺。面对阿拉伯帝国的强大军队，拜占庭帝国皇帝希拉克略叹息说："叙利亚，这么美好的锦绣河山，最终还是落入了敌人之手！"

占领叙利亚之后，阿拉伯大军一路向东。公元637年，他们占领了伊拉克，并剑指伊朗境内的萨珊波斯。公元642年，萨珊波斯军队战败。

公元640年，西征的阿拉伯军攻入埃及，且所向披靡。公元642年，阿拉伯大军全面占领埃及，哈里发成为亚历山大的实际控制人。

第三任哈里发奥斯曼并没有停下扩张的脚步，他在位时，阿拉伯帝国先后征服了亚洲的霍拉桑、亚美尼亚、阿塞拜疆，以及非洲的利比亚等地区。为了进一步控制地中海，奥斯曼还组建了一支强大的海军。

就在对外不断扩张的过程中，帝国内部出现了分裂。哈希姆家族中一些人对出身于倭马亚家族的奥斯曼出任哈里发的合法性产生怀疑，于是组建了什叶派，与普遍接受奥斯曼继位的逊尼派相对立。后来阿里继任哈里发。但是，倭马亚家族并不认可阿里。于是，双方发生冲突，结果没有分出胜负，局面僵持不下。不久，什叶派内部又出现分裂，一些激进的穆斯林成立了哈瓦利吉派。

公元661年，哈瓦利吉派刺杀了阿里，正统哈里发时代就这样结束了。从这之后，阿拉伯帝国出现了两个哈里发：一个是阿里的长子哈桑，麦地那人和波斯人都承认他；另一个是统治着西半部的穆阿维叶，他废除了哈里发推选制，创立了伊斯兰阿拉伯帝国第一个王朝，也称倭马亚王朝。之后，穆阿维叶将哈里发改为世袭，成为名副其实的帝国的君主。

随着倭马亚王朝进入鼎盛时期，阿拉伯语逐渐成为帝国的官方语言，政府的公文必须用阿拉伯语书写。与此同时，这也在社会中产生了一些纷争，有些穆斯林学者认为，这种做法不是长久之计。

8世纪初，阿拉伯人又开始了新一轮的对外战争。他们把战线分成了三条，分别向东、北、西三个方向扩张。

在东线，他们占领了阿富汗，然后兵分两路：一路北上，所向披靡，直到在帕米尔高原西部遇到唐朝军队才停下脚步。一路南下，攻入印度河流域，占领了印度西北部的一些地区。

在北线，阿拉伯大军直逼君士坦丁堡，遇到了拜占庭帝国的顽强抵抗，最终遭遇了惨重的失利。

在西线，阿拉伯人击败了拜占庭帝国在非洲北部的军队，征服了从突尼斯到摩洛哥的大片土地。然后跨越直布罗陀海峡，远征西班牙，并最终征服了西哥特王国。

公元732年，哈里发的军队攻入法兰克王国，结果在普瓦提埃战役中吃了败仗。至此，阿拉伯帝国的大规模对外扩张才算停下了脚步。

由于倭马亚王朝的阿拉伯统治者对待被征服地区的人比较残暴，所以，许多被征服民族对阿拉伯统治者的怨恨也在不断加深。与此同时，帝国内部各派，如逊尼派、什叶派及其他派别的教派争斗日趋激烈，并开始与阶级、民族矛盾联结在一起。因此，帝国非但没有彻底将什叶派镇压下去，反而又出现了一个自称为先知叔父阿拔斯的后裔的阿拔斯派。

阿拔斯的后裔与什叶派穆斯林一起推翻了倭马亚王朝的统治，建立了阿拔斯王朝。

哈里发曼苏尔在位期间把首都迁到了底格里斯河畔。很快，这座叫巴格达的城市就变得异常壮观，人口众多，贸易发达。在如此短的时间里，巴格达就从一个荒无人烟的地方，发展成一个异常繁华、非常富有的国际大都会，足见阿拉伯商国的强盛。特别是哈伦·拉希德执政时期，巴格达进入了最辉煌的时代，它不但是阿拉伯帝国的商贸中心，而且是文化中心。

哈伦·拉希德是一位典型的穆斯林君主，他为人慷慨、大方，同时，他也比较喜欢有才华的人，只要是有一技之长的人，如诗人、乐师、歌手、舞者、猎犬和斗鸡的驯养者，他都会想办法把他们吸引过来。所以在《一千零一夜》中，哈伦·拉希德一度被描述成一个挥金如土、穷奢极侈的帝国统治者。

约在771年，也就是巴格达建都的第9年，有一位来自印度的旅行家带来了两篇科学论文。

一篇是关于天文学的，曼苏尔让人将这篇论文翻译为阿拉伯文，结果那个翻译者成了伊斯兰世界的第一位天文学家。

当阿拉伯人还在沙漠里生活时，他们就对星空产生了幻想，但是从没有做过任何研究性的工作。他们信仰伊斯兰教后，对研究天文学的兴趣更浓了，不管自己在哪里，每天都需要向着麦加的方向祈祷朝拜5次，这即伊斯兰"五功"中的拜功，其他四功分别是念功、课功、斋功和朝功。

另一篇是婆罗摩笈多写的数学论文。就像一位美国历史学家所说，欧洲人眼中的阿拉伯数字，以及阿拉伯人眼中的印度数字，正是由这篇论文传入穆斯林世界的。

在阿拉伯人的生活中，和印度文化、中国文化相比较，他们更青睐希腊文化，因为希腊文化在所有外国影响因素中处于最重要的位置。特别是在阿拉伯人占领叙利亚和埃及之后，他们便将学习到的希腊文化、接触到的希腊文化遗产，视为这个世界上最宝贵的财富。当然，他们还四处搜寻希腊人的著作、文献与资料，如欧几里得的《几何原本》、托勒密的《地理学指南》以及柏拉图等人的著作都先后被翻译成阿拉伯语。

第二节　为翻译和学术研究创建的智慧官

　　公元 809 年，哈伦·拉希德死于征途中，其儿子马蒙继任哈里发，他是阿拉伯帝国阿拔斯王朝的第七任哈里发。马蒙时代是阿拔斯王朝的鼎盛时代，也是伊斯兰文化的黄金时代。在这个黄金时代，阿拉伯的学者和帝国统治者的思想是统一的，他们都认为，理性是最高仲裁者，圣言、圣训也要接受理性的审判。

　　在历史上，马蒙并不算是赫赫有名的君主，在政治军事方面的影响较小，但是，他把大力发展学术文化作为帝国的基本国策。

　　与许多君主不同，马蒙是一个狂热的求知者。他上任后，出于对知识与学者的痴迷与尊重，派人到拜占庭、波斯、印度等地搜寻知识典籍，并且不惜重金从各地聘请数十名学识渊博的学者和翻译家，在智慧馆从事译述和研究。他们当中既有阿拉伯人，也有非阿拉伯人。他让学者将希腊典籍翻译成阿拉伯语，付给译者与译稿相同重量的黄金。因此，许多非常珍贵且湮没已久的古希腊典籍得以复活，后来，这些希腊典籍传回欧洲，成为文艺复兴运动的一大知识源泉。

公元830年，马蒙将几任哈里发搜求到的学术宝典，集中存放在巴格达一所规模宏伟的学术中心，并为它取了一个好听的名字"智慧宫"。在这个智慧宫，不但可以读书，也可以做科研，进行文献的翻译，还可以在这里上课等，成为伊斯兰世界第一所国家级的综合性学术机构及高等教育学府，其领导者须由非常有学识的人担任。

智慧宫的第一任负责人，由知名的基督教医学家和翻译家叶海亚·伊本·马赛维担任。景教徒的翻译家和学者侯奈因·伊本·易司哈格被任命为翻译局局长，被誉为"翻译家的长老"。杰出的穆斯林数学家和天文学家花拉子米也曾担任过图书馆的馆长和天文台台长。

可以说，智慧宫不但是世界上最早的大学，同时也是一个世界性的学术研究中心，研究的内容有哲学、医学、动物学、植物学、天文学、数学、机械、建筑、伊斯兰教教义和阿拉伯语语法学等。据说，马蒙本人多次以学者的身份主持学术会议，参加其中的讨论。

受马蒙创建的智慧宫的影响，后来在西亚和北非等地出现了许多山寨版的"智慧宫"，如西班牙的科尔多瓦大学、开罗的爱资哈尔大学等，从公元12世纪开始，欧洲各地开始掀起一股创办大学的风潮。

智慧宫的创建，为世界文化的繁荣与发展做出了重要贡献，这些贡献主要表现在以下几个方面：

一是拯救、挖掘了古希腊文化遗产。

马蒙派人从各地搜集了数百种古希腊哲学和科学著作的原本和手抄本，

并加以整理、校勘和收藏，并不惜重金聘请学者、翻译家，将它们翻译成阿拉伯文，将古希腊科学文化遗产从湮灭的边缘拯救、挖掘出来。

为了搜集珍本和校勘写本，马蒙先派翻译家萨拉姆到君士坦丁堡的拜占庭皇帝宫廷，用重金买来希腊语著作珍本，然后又派侯奈因到伊拉克、叙利亚和埃及等地搜集古籍。所以，智慧宫中的图书、文献数量非常多，包括哲学、自然科学、人文科学、文学及语言学等方面文献的原本和手抄本数万册，这些文献有的用的是希腊语，有的是古叙利亚语、波斯语，还有的是希伯来语、奈伯特语、梵语等，这为学者进行翻译、研究和教学提供了大量珍贵文献。

二是将翻译工作集中到翻译局进行，使翻译运动进入高潮。

翻译局的学者大多精通几门语言，他们既是翻译家，又是研究工作者。他们对上百种古希腊、波斯和印度的学术古籍进行了翻译，同时，对先前翻译过的著作进行了校正、修改，或是重译。在翻译的过程中，还会做大量其他的工作，如校勘、注释、质疑、补正、摘要、评论等。一方面，他们适当发挥了自己的创见；另一方面他们对经过数次转译而被曲解了的著作，经过校勘改译使其恢复了原著本来的样子。据说，将各门学科翻译成阿拉伯语的名著就有几百部。其中，从希腊语翻译过来的，如亚里士多德、柏拉图、希波克拉底、盖伦、欧几里得、托勒密、克罗丢、普林尼、普罗提诺等希腊著名哲学家、医学家、数学家、天文学家的著作有 100 多部；从印度梵语译过来的有关医学、天文学、数学方面的著作大约有 30 部；从波斯语译过来的关于语言、历史、文学方面的作品大约有 20 部。除此之外，从古叙利亚语、希伯来语翻译过来的有关文学、艺术和科技方面的作品也有数十部。

三是营造学术氛围，奖励学者著书立说。

在智慧宫中，经常会举办各种学科的学术报告会和辩论会，内容五花八门，有宗教学、哲学、天文学、医学方面的，还有文学方面的。在辩论会上，大家可以畅所欲言，各抒己见，自由探讨的学术气氛非常浓厚。据史料记载，智慧宫曾举办过一次有关基督教和伊斯兰教的神学辩论会，当时，马蒙还以学者身份出席了学术会议。基督教主教西乌杜斯慷慨陈词，马蒙及伊斯兰教学者也都以平等的态度发表了自己的意见。另外，智慧宫还奖励学者著书立说，如果谁取得了重要成果，就会获得丰厚的奖励。

四是培养了大批人才。

在智慧宫中，附设有天文台、医学及天文学学校。各地慕名而来的学生可以拜一些著名学者为老师，学习自己想学的知识。一些著名学者游学到巴格达，如哲学家肯迪、文学家贾希兹、历史地理学家麦斯欧迪、数学家花拉子米等都曾在智慧宫讲过课。从智慧宫走出去的学生，大多博学多才，而且出了许多学者和翻译家。

1065—1067年，塞尔柱王朝宰相尼扎姆·穆勒克在巴格达创办了尼采米亚大学后，智慧宫并入这所大学。后来，学者形容智慧宫为中世纪阿拉伯"科学的源泉，智慧的宝库，学者的圣殿"。

从马蒙创办智慧宫，以及他支持的翻译运动可以看出，他的卓越之处在于，他能广纳贤才——不论是谁，信仰什么，只要有真才实学，就会被召至巴格达，这不但促进了伊斯兰学术文化的繁荣，使阿拉伯人学习、掌握了希腊文化的精髓，同时，也使巴格达成为阿拉伯世界学术文化的中心。

第三节　代数学之父——花拉子米

阿拔斯王朝早期，对于科学、文化来说，算得上是一个野蛮生长，且具有独创性的时代。在这个大时代，巴格达迎来一位史诗级的人物——来自波斯的数学天才，被人誉为"代数学之父"，也是著名的天文学家、地理学家花拉子米。

花拉子米，全名穆罕默德·伊本·穆萨·阿尔·花拉子米，他出生于780年，那时印度伟大的数学家婆罗摩笈多已去世100多年了，此时，马哈维拉还没有到人世。关于花拉子米的生平，史料很少有记载，有人说，他出生在阿姆河下游的花剌子模一带，翻开地图，就是今天乌兹别克斯坦境内的希瓦城地区。还有人说，他出生在巴格达近郊，祖上是花剌子模人。不管他出生在哪里，但是有一点是可以肯定的，那就是花拉子米是拜火教教徒的后裔。

拜火教，又叫琐罗亚斯德教，或是祆教、帕西教，距今约有2500

年的历史。信仰拜火教的人对火非常尊崇，他们反对戒斋、禁欲、单身，提倡弃暗投明，灭恶兴善。拜火教的创始人叫琐罗亚斯德，他的故乡在今天伊朗的北部。他创立的拜火教曾经成为波斯帝国的国教。

花拉子米既然是拜火教教徒，那我们可以据此推测，他极有可能是波斯人的后裔，即便不是，他的精神世界也与波斯这个富有悠久文化传统的民族有着千丝万缕的联系。虽然花拉子米不是阿拉伯人，但可以肯定，他非常精通阿拉伯文。

小的时候，花拉子米在家乡接受教育，后来到中亚古城梅尔夫学习，还曾到阿富汗、印度等地游学。由于他才智过人，很快就成为远近闻名的科学家，在梅尔夫还得到了马蒙的召见。813 年，马蒙成功继任了阿拔斯王朝的哈里发后，重金聘请花拉子米到首都巴格达从事学术研究。之后，马蒙创建智慧宫，花拉子米就担任了智慧宫的主要负责人和天文台台长。马蒙去世后，花拉子米仍然留在巴格达，直至离世。当时的阿拉伯帝国文化繁荣、经济发达、政治稳定，很多学者都慕名前往。

在数学方面，花拉子米留下了两部作品，一部是《代数学》，另一部是《印度的计算术》（其拉丁文手稿现存于剑桥大学图书馆）。《代数学》被翻译成阿拉伯文后，更名为《还原与对消计算概要》，其中"还原"一词"al-jabr"也有"移项"的意思。1145 年，切斯特的罗伯特将这部作品翻译成拉丁文，随后，它在欧洲产生了巨大影响。al-jabr 也被译成algebra（代数），这也即今天包括英文在内的西方文字中的"代数学"一词。所以，花拉子米的作品也经常被说成是《代数学》。故有人说，如果说埃及人发明了几何学，那么是阿拉伯人命名了代数学。

《代数学》大概完成于820年，它探讨了普遍性的解法，所以远比希腊人和印度人的著作更接近于近代初等数学，这一点是极其可贵的。在书中，花拉子米用代数方式来处理线性方程组，并给出了二次方程的一般代数解法，同时，还引入了移项、合并同类项等代数运算方法。这为作为"解方程的科学"的代数学的发展铺平了道路。正因为如此，花拉子米的《代数学》被欧洲一些国家作为标准课本长达100多年。

另一位印度数学家婆罗摩笈多只给出了一元二次方程一个根的解法，而花拉子米则求出了两个根。故我们会说，与之后的其他阿拉伯数学家一样，花拉子米也深受希腊和印度两大文明的陶冶，不可否认，这与他们生活的地方有关。

花拉子米的另一本书《印度的计算术》，也被认为是数学史上极具价值的著作。在这本书中，他详细地讲述了印度数字和十进制计数法。虽然之前它们已被那位印度旅行家引入了阿拉伯，可没有引起人们的注意。12世纪，当《印度的计算术》传入欧洲，并被广为传播时，印度数字也逐渐取代了希腊字母计数系统和罗马数字，成为一种世界通用的数字，甚至人们习惯将印度数字称为阿拉伯数字。值得一提的是，该书的原名是"Algoritmi de numero indorum"（印度计算法），其中"Algoritmi"是花拉子米的拉丁语名字，我们现在使用的数学术语"Algorithm"（算法）就源于此。

在几何学方面，特别是在面积测量领域，花拉子米也做出了自己的贡献。他对三角形和四边形进行了分类，并分别给出对应的面积测量公式。另外，他还给出了圆面积的近似计算公式，以及弓形面积的计算公式。

花拉子米在天文学方面也表现出了过人的天赋。他汇编了三角表和天文表，用来测定星辰的位置和日月食，并且写了不少专门述论星盘、正弦平方仪、日晷和历法的著作。在这方面，他有一位卓越的继承者——出生在叙利亚的巴塔尼，他发现了太阳的远地点的位置是变化的，所以有可能发生日环食，有时则不会。巴塔尼用三角学取代几何方法，引进了正弦函数，纠正了托勒密犯的错误，其中包括太阳和某些行星轨道的计算方法。巴塔尼的著作《历数书》，在12世纪被翻译为拉丁文并出版，这也使他成为当时人们熟知的阿拉伯天文学家。1973年世界天文联合会以阿尔·花拉子米的名字命名了月球上的一处环形山。

除了数学和天文学，花拉子米还对地理学的发展做出了贡献。例如，有一位名叫托勒密的古罗马学者就写了一本书，叫《地理学指南》，在书中，他根据自己掌握的情况，画了一张当时的世界地图，包括欧洲、亚洲，以及非洲的北部，在地图的最东边是恒河海湾和印度洋。那时的古希腊人一直以为印度洋是一个内湖。花拉子米对托勒密在非洲及中东方面的资料进行了整理及修正，并且发现太平洋和印度洋其实是两个海洋。他的一本重要著作《诸地理胜》便是根据托勒密的《地理学指南》而列出地理坐标，并新增了地中海、亚洲及非洲方面的内容。

花拉子米用阿拉伯文完成了中世纪阿拉伯世界的第一部地理著作《地球景象书》，有力地推动了地理学这门学科的发展。当时，出于军事和商业贸易的需要，迫切需要制作一份世界地图，但是，制作地图需要用到复杂的数学和天文学知识。花拉子米用自己的所学，并通过分析、计算，在书中描述了当时世界上已知的重要居民点、山川湖海和岛屿，并附有 4 幅地图。并且，他还参与过测量地球圆周的计划，并且监督 70 位地理学家为哈里发马蒙制作世界地图。

除此之外，他还是最早用阿拉伯文撰写历史书的作者，他写的《历史书》有部分被保存了下来。

所以说，花拉子米不但是一位伟大的数学家、杰出的天文学家，而且"上知天文，下知地理"，是一个并不多见的旷世奇才。

第四节　收集全世界书籍的亚历山大图书馆

亚历山大图书馆是在公元前 3 世纪托勒密王朝初期建立的，在当时算是全世界最大的图书馆，在历史上是最古老的图书馆之一，和亚历山大灯塔一样闻名世界，而且被人们比作人类文明世界的太阳，是亚历山大城的最高成就之一。

馆内收藏了从公元前 400 到前 300 年这一时期的各种手稿，包括各种各样古籍收藏。但是，让人感到可惜的是，这座举世闻名的古代文化中心，却毁于 3 世纪末的两场战火，甚至连一块石块都没有留下。它究竟是什么样子，至今无人知晓。如今，我们只能通过零星的历史文献揣摩它的样子。

后来，人们在原址上进行了重建，它的主体建筑为圆柱体，顶部是半圆形穹顶，会议厅呈金字塔形。圆柱、金字塔和穹顶的巧妙结合浑然天成，多姿多彩的几何形状勾勒出该馆的悠久历史。

去过亚历山大图书馆的人发现，不管从哪个角度看，图书馆的主体建筑都像是一抹斜阳，寓意很明显：它象征着普照世界的文化之光。图书馆的外围是用花岗岩建的文化墙，墙面上镌刻着世界上 50 种最古老语言的文字、字母和符号。

考古学家在发掘托勒密二世国王乌基曼迪亚斯的坟墓时，发现了他留下的一句话："当我看到这个工程如此庞大，我几乎有些绝望了。"这足以表达出他在接手图书馆时的心情。虽然那时战乱不断，但图书馆的藏书仍高达 54000 多卷。

当时，亚历山大大帝为什么要耗费巨大的人力、财力来建造这样一个庞大的工程呢？据说，当时只有一个目的，那就是收集全世界的书，并将全世界的知识汇总到一起。所以，几任国王都在用同样的手段做同一件事情，那就是严格搜查每一艘进入亚历山大港口的船只，如果发现船上有书籍，不管来自哪个国家，都会第一时间把它送到亚历山大图书馆。

甚至，民间还有这样一个传说：

当时，古希腊三大悲剧作家，欧里庇得斯、埃斯库罗斯以及索福克勒斯的手稿都被保存在雅典的档案馆内。托勒密三世知道这个消息后，为了把这些手稿弄到手，便设计了一个计谋：以做一个副本为借口，并交上一大笔押金，然后苦口婆心地说服雅典为此破一次例，将这些手稿借出，并答应制作完副本后便会归还。结果呢，送还给雅典的却是复制品，而原件却被送往亚历山大图书馆了。

亚历山大大帝通过一些正当或不正当的手段，四处搜罗图书、文献等，很快便使亚历山大图书馆成为当时最了不起的图书馆，馆藏非常丰富，却又极其珍贵。比如，图书馆收藏了公元前9世纪古希腊诗人荷马的所有诗稿，这些诗稿还首次被复制，并被译成了拉丁文；藏有古希腊天文学家阿里斯塔克关于"日心说"的理论著作；藏有古希腊医师、被誉为"西方医学奠基人"的希波克拉底的很多著述手稿；收藏了首部希腊文《圣经·旧约》"摩西五经"的译稿，以及古希腊哲学家、科学家亚里士多德和学者阿基米德等人的一些手迹。

除此之外，像古埃及托勒密王朝时期的许多哲学、诗歌、文学、医学、宗教、伦理等方面的大批著述也收藏于此。馆藏最多时，各类手稿超过50余万卷。

因为亚历山大图书馆的名气非常大，所以许多学者会不远万里前来参观，有的人甚至还在这里工作，如古希腊地理学家、天文学家、数学家和诗人埃拉托色尼，古希腊文献学家阿里斯塔克就当过亚历山大图书馆的馆长。哲学家埃奈西德穆，数学家、物理学家阿基米德等人也曾在这里讲过课，或是求过学，所以，人们也称亚历山大图书馆是"世界上最好的学校"。

但是，这样一座图书馆突然间消失于战火中，实在令人可惜。那它究竟是如何毁于战火的？答案鲜有人知。人们只是通过传说知道，它先后毁于两场大火。

关于第一场大火，传说是这样的：

在公元前48年，罗马统帅恺撒在法萨罗战役中大获全胜，庞培兵败后跑到埃及，恺撒一路追到埃及，并帮助当时的女王克娄巴特拉七世赢得王位。一次，在作战时他放火焚烧敌军的舰队和港口。没想到这场大火一直蔓延到亚历山大城中，结果殃及了图书馆，一半的珍藏被烧毁。

还有一场大火，即阿慕尔"焚书"之说：

公元 7 世纪，阿拉伯帝国统治了整个阿拉伯半岛。642 年，阿拉伯军队在阿慕尔·伊本·阿斯率领下攻占亚历山大城。645 年，拜占庭帝国皇帝君士坦丁派大军收复亚历山大城。13 世纪埃及的历史学家伊本·基夫提在其《贤人史》中说，阿慕尔占领亚历山大城之后，一位名叫约翰的文法学家对阿慕尔说，他想得到亚历山大图书馆的藏书。于是，阿慕尔便向帝国统治者欧麦尔请示，得到的答复是："先将所有的书都翻阅一遍。如果其内容与经书（指《古兰经》）相同，就不要保存了；如果相悖，也不要保存，干脆销毁。"后来，阿慕尔将所有馆藏图书送给城里的公共澡堂作为燃料，这些书整整烧了半年之久。

从 13 世纪至今，阿慕尔"焚书"之说一直被阿拉伯及西方学者反复引用。到了 17 世纪，有人开始对此产生质疑。其中，对伊本·基夫提《贤人史》中的阿慕尔"焚书"说最早提出质疑的，是一位英国的阿拉伯历史学家，他叫埃尔弗雷德·乔舒亚·巴特勒（1850—1936）。他写过一本书，叫《阿拉伯征服埃及史》，在这本书中，他说那位名叫约翰的文法学家生活在 6 世纪中叶，根本不可能活到阿慕尔征服亚历山大城时的 642 年。而且，亚历山大图书馆的藏书大多是用羊皮纸书写的，羊皮纸不太适合作为燃料。所以他得出的结论是：并不存在把藏书作为公共澡堂的燃料这件事。

美国著名阿拉伯历史学家菲利普·希提在《阿拉伯通史》中这样写道："这个故事虚构得特别巧妙，然而并不是历史事实。"他觉得，历史的真相是这样的：在阿拉伯人占领埃及之前，亚历山大图书馆就已经不存在了。

于是，人们又会产生疑问：那阿拉伯作家伊本·基夫提为什么要虚构这个故事呢？

对于这个问题，当代埃及历史学家穆斯塔法·阿巴迪曾做过研究，他在《古代亚历山大图书馆的存亡》（1990年）中做了这样的解释：欧洲的文艺复兴运动正在进行，这时候人们对古希腊的典籍产生了兴趣。但是那些典籍大部分都保存在阿拉伯世界的图书馆中。所以，欧洲人一直惦记着这些图书馆。例如，地中海东岸特里波黎城图书馆的藏书，以及著名诗人奥萨马·伊本·蒙齐兹的许多私人藏书，都曾被"十字军"抢劫。这引起了阿拉伯人的公愤，于是，"十字军"就反诬阿拉伯人"早就有焚烧图书的劣迹"。

另外，在与伊斯玛依派以及"十字军"对抗的过程中，阿拉伯帝国统治者萨拉丁为了筹集资金，一度将开罗公共图书馆中200多万卷藏书和叙利亚城市阿米德图书馆的100多万册藏书变卖。他的这种行为遭到了学者们的严厉批评。于是，与萨拉丁关系较亲近的伊本·基夫提站出来为他辩解，虚构了阿慕尔"焚书"一事，无非是想说，与历史上的烧书相比，如今变卖一些书实在不算什么。

亚历山大图书馆之所以能有几个世纪的辉煌，除了君王的重视以及优越的地理位置，也离不开图书、人员、设备、方法的完美融合。亚历山大图书馆的文献目录编制、二次文献编撰和利用、古籍的考证与校订等工作，改变了图书馆作为"资料仓库"的历史，影响了西方图书馆的藏书建设传统，对近现代许多大型图书馆的产生有着重要的影响。

在知识传播方面，亚历山大图书馆也做出了许多积极的贡献。它保留了古代文明历程中大量的学术著作，汇聚了所有可获得的源头知识。它使许多著名的哲学家、文学家、科学家和研究者献身于此，进行知识创造、交流与传播，成为繁荣地中海沿岸文化的灯塔。它不仅将古代西方科学与神秘的东方文化融合在一起，也为古埃及文化、希腊文化、罗马文化提供了交流的场所，对中世纪欧洲文化的繁荣产生了重要影响。

第五节　会写诗的数学家——海亚姆

欧玛尔·海亚姆（1048—1122），是著名的波斯诗人、数学家。1048 年 5 月 18 日，海亚姆出生在波斯的内沙布尔城，是一名什叶派的穆斯林。早年他在家乡生活，后来他到距家乡有千里之遥的阿富汗北部小镇巴尔赫接受教育，跟随谢赫（意为"教长"）穆罕默德·曼苏里学习，后来，又在当时非常有名望的伊玛目·莫瓦法克身边学习。

海亚姆的父亲是一位手工艺人，为了生计，他经常带着一家人从一座城市搬到另一座城市，就像海亚姆在《代数学》中写的那样，"我无法集中精力去学习代数学，时局的变乱阻碍着我"。即使时局动荡，生活颠沛流离，他还是写出了极具价值的《算术问题》，以及一本与音乐有关的小册子。

1070 年前后，20 多岁的海亚姆受一位大学者的邀请，一路向北，来到古老的城市撒马尔罕，并在这位学者身边安心从事数学研究，完成了代数学的重要发现，包括三次方程的几何解法，在当时，这算是非常深奥的数学了。根据这些成就，海亚姆完成了一部代数著作《还原与对消问题的论证》，即我们所称的《代数学》。书中阐释了代数的原理，令波斯数学后来一直传至欧洲。这时的海亚姆已是一位非常有名的数学家了。

没过多久，海亚姆应塞尔柱帝国第三代苏丹马利克沙的邀请，来到伊斯法罕。马利克沙是塞尔柱帝国最著名的苏丹，他对文学、艺术和科学怀有浓厚的兴趣，广邀并且善待学者和艺术家。在伊斯法罕，海亚姆受命主持天文观测，推行历法改革，并修建了一座天文台，担任天文台台长。在这里，海亚姆度过了一段安谧的时光。遗憾的是，到了1092年，马利克沙的兄弟、霍拉桑总督叛乱，不久，苏丹在巴格达突然去世，塞尔柱帝国国势衰退。

马利克沙的第二任妻子接管政权后，对海亚姆非常不友善，不再资助天文台，海亚姆的历法改革难以再推行下去，研究工作只好停止。但是，海亚姆并没有灰心，他留了下来，并试图说服对方。

1096年，马利克沙的第三个儿子桑贾尔成为塞尔柱帝国的最后一个苏丹，这时帝国的疆土已大为收缩。后来，他兵败撒马尔罕。1118年，帝国不得不迁都至北方的梅尔夫。海亚姆也随同前往，在那里他与自己的学生合著了《智慧的天平》，在书中，他尝试用数学方法来确定合金的成分，这个问题最早来自阿基米德。

晚年时，海亚姆一个人返回了故乡内沙布尔，偶尔为宫廷预测未来事件。海亚姆一生没有娶妻生子，也没有留下任何遗产。他去世后，他的学生将其安葬在城外的桃树和梨树下面。

为了纪念海亚姆，1934年，由多国集资，在他的家乡修建了一座高大的陵墓——一座结构复杂的几何体建筑，周围绕着八块尖尖的菱形，菱形内部镶嵌着伊斯兰的美丽花纹。

如今，海亚姆早期的数学著作已经很难找到，庆幸的是，他最重要的一部作品《代数学》却保存了下来，后来被翻译成法文《欧玛尔·海亚姆代数学》。1931年，为了纪念海亚姆诞辰883周年，美国哥伦比亚大学出版了D.S.卡西尔英译的校订本《欧玛尔·海亚姆代数学》。

在《代数学》的开始部分，海亚姆提及了《算术问题》中的一些结果。"印度人有自己开平方、开立方的方法……我撰写过一本书，证明他们用的方法是正确的。我进行了推广，可以求平方的平方、平方的立方、立方的立方等高次方根。这些代数的证明只以《原本》中的代数部分为依据"。在这里，海亚姆提及的"我撰写过一本书"，指的是《算术问题》，而《原本》是指欧几里得写的《几何原本》。

海亚姆所掌握的"印度算法"，主要来自两本早期的阿拉伯著作，即《印度计算原理》和《印度计算必备》。在现存的阿拉伯文献中，最早详细地给出自然数开高次方一般法则的是13世纪纳西尔丁·图西编撰的《算板与沙盘算术方法集成》。书中没有说这种方法源于哪里，但是，因为作者熟悉海亚姆的工作，所以有数学史家据此推断，这种方法很可能出自海亚姆。由于《算术问题》早已失传，这种说法无从证实。

海亚姆在数学上最大的贡献，要数用圆锥曲线解三次方程，这也是中世纪阿拉伯数学家们津津乐道的工作。提及解三次方程，最早可追溯到古希腊的倍立方体问题，即求作一个立方体，使它的体积刚好等于已知立方体的二倍，如果将其转化为方程，就是：$x^3 = 2a^3$。

在公元前 4 世纪，柏拉图学派的门内赫莫斯发现了圆锥曲线，将上面解方程的问题转化为求两条抛物线的交点，或求一条抛物线与一条双曲线的交点。

海亚姆在数学领域的贡献在于，他考虑了三次方程的所有形式，并进行了详细的解答。他将三次方程划分为 14 类，其中缺一、二次项的 1 类，仅缺一次项或二次项的各 3 类，不缺项的 7 类，之后通过两条圆锥曲线的交点来确定它们的根。比如方程 $x^3 + ax = b$，它可以改为 $x^3 + c^2x = c^2h$，海亚姆认为，后面的方程正好是抛物线 $x^2 = cy$ 和半圆周 $y^2 = x（h-x）$ 交点 C 的横坐标 x，因为从后两式消去 y，便是前面的方程。但是，海亚姆在分析这种解法时，只用文字叙述，没有使用方程，所以读者不怎么容易理解。

另外，海亚姆也尝试过三次方程的算术（代数）解法，但是没有成功。他在《代数学》中是这样记述的："对于那些没有常数项、一次项或二次项的方程，也许后人能够给出算术解法。"果然如他所说，直到 5 个世纪以后，三次和四次方程的一般代数解法才由意大利数学家给出。在几何学方面，海亚姆也做出了自己的贡献：一是在比和比例问题上提出了新的见解；二是对平行公理的批判性论述和论证。在欧几里得的《几何原本》传入伊斯兰国家之后，第五公设便引起了数学家们的兴趣。什么是第五公设？第五公设是一条公理，即"如果一条直线和两条直线相交，所构成的两个内角之和小于两直角，那么，把这两条直线延长，它们一定在那两个内角的一侧相交。"不论在叙述方面，还是在内容方面，这条公理都比欧氏提出的其他四条公设更为复杂，于是人们容易产生要证明它，或是用其他形式替代它的欲望。

1077 年，海亚姆在伊斯法罕写了《辩明欧几里得几何公理中的难点》一书，他试图通过前四条公设来推出第五公设。海亚姆以四边形 ABCD 为例，假设角 A 和角 B 都为直角，线段 CA 和 DB 等长。他注意到，要推出第五公设，只需证明角 C 和角 D 都是直角。于是，他先后假设这两个角全为钝角、锐角和直角，前两种情况都会导出矛盾。其实，这种解决问题的方法和 19 世纪才诞生的非欧几何学有着密不可分的联系。

可惜的是，海亚姆没有意识到这一点，而且他的论证注定是不充分的。他要证明的是，平行公设可以用下面的假设来代替：假如两条直线靠得越来越近，那么它们一定在这个方向上相交。虽然海亚姆未能证明平行公设，但他的方法对后来西方的数学家产生了重要影响，其中就包括 17 世纪的沃利斯。

除了在数学领域有很大的成就之外，海亚姆在天文历法方面也做出了很大的贡献。他曾领导一些天文学家编制了天文表，并用庇护人的名字命名，即《马利克沙天文表》，现在，这个表只有一小部分保留了下来，其中包括黄道坐标表和一百颗最亮的星辰。

与编制天文表相比，更为重要的是历法改革。从公元前 1 世纪起，波斯人便使用琐罗亚斯德教（创立于公元前 7 世纪）的阳历，将一年分成 12 个月共 365 天。后来，又改用回历，也就是大月 30 天，小月 29 天，全年 354 天。不同的是，阴历有闰月，因而与寒暑保持一致；而回历主要为宗教服务，每 30 年才加 11 个闰日，对农业极为不利，盛夏有时在 6 月，有时在 1 月。

马克利沙当政时，波斯人已开始重新使用阳历。他在伊斯法罕设立天文台，让海亚姆帮他推行历法改革。海亚姆认为，在平年 365 天的基础上，33 年闰 8 天。这样，一年就变成了 365 又 8/33 天，与实际的回归年误差不超过 20 秒，也就是每 4460 天才相差一天。值得注意的是，假如将回归年的小数部分按数学的连分数展开，那么渐近分数分别为：

1/4，7/29，8/33，31/128，132/545，…

第一个数字 1/4，意思是四年闰一日。由此可见，海亚姆制定的历法有着精确的数学内涵，假如限定周期少于 128 年，则 33 年闰 8 天便是最好的选择。他以 1079 年 3 月 16 日为起点，将其命名为"马利克纪年"。结果，由于庇护人过早去世，历法工作没能继续下去。在当时，世界各国使用的阳历误差多的已达十几天。对此，海亚姆倍感无奈，所以他曾在《鲁拜集》中发出了这样的怅叹：

　　啊，大家说我的推算高明
　　纠正了时间，将年份算准
　　但谁晓得那只是从旧历中消去
　　未知的明天和已消逝的昨天

有人说，如果海亚姆只是个数学家，或是天文学家，那么他很可能不会选择一个人生活一辈子。海亚姆在潜心研究数学的同时，也默默地将自己的思想记录下来，以诗歌的形式表达出来。在他去世 50 年后，1173 年才有人在历史著作中提及他写过四行诗。他的四行诗在 19 世纪中叶被译成英文后，他作为诗人的名声才开始传遍世界。

第六节　三角学专家——纳西尔丁

在大数学家海亚姆去世约 70 年后，在波斯的文化中心图斯城又诞生了一位伟大的智者纳西尔丁。纳西尔丁的父亲是一位法理学家，他给儿子以启蒙教育，同在一城的舅舅则教他逻辑学和哲学。在此基础上，他又学习了代数和几何。后来，他又到海亚姆的家乡内沙布尔深造，拜波斯哲学家兼科学家伊本·西拿的门徒为师，钻研医学和数学，从此，名气越来越大。伊本·西拿的拉丁文名为阿维森纳，在东方被视为"杰出的智者"，在西方则被誉为"卓越的医生"。

当时，蒙古骑兵正在一路西进，阿拉伯帝国危在旦夕。为了能够有一个安稳的学习、研究环境，纳西尔丁只得到一些要塞居住，并在那里完成了一些数学、哲学等方面的论著。1256 年，成吉思汗的孙子旭烈兀攻占了波斯北部纳西尔丁所在的要塞。让人感到意外的是，旭烈兀非常敬重纳西尔丁，还力邀他担任自己的科学顾问。两年后，纳西尔丁随旭烈兀的远征军来到巴格达。

忽必烈继位后，旭烈兀被封为伊利汗国王，之后便留在波斯，定都大不里士（今伊朗西北部名城）。早些时候，在旭烈兀的资助下，纳西尔丁在大不里士城南建造了一座天文台。他广纳人才，著书立说，并且制作了不少先进的观察仪器，一时间，使得天文台成为当时一个重要的学术研究基地。

1274年，纳西尔丁在出访巴格达时不幸患病离世，这一年他73岁。

纳西尔丁非常勤奋，一生中写了不少作品，也留给后人不少论著和书信，这些论著多用阿拉伯文书写，只有少量哲学、逻辑学使用波斯文书写。据说，纳西尔丁还懂得希腊语，极个别作品中甚至出现过土耳其语。其内容涉及当时伊斯兰世界的各个学科，其中产生影响最大的当数数学、天文学、逻辑学、哲学、伦理学及神学了。这些作品对伊斯兰世界和欧洲科学的觉醒都产生了重要影响。

在数学方面，纳西尔丁撰写了三部著作，分别为《算板与沙盘算术方法集成》《令人满意的论著》《横截线原理书》。

在《算板与沙盘算术方法集成》中，主要讲算术，他继承了海亚姆的成果，将数的研究延伸到无理数等领域。他采用了印度数字，谈及了帕斯卡尔三角形，还探讨了求一个数的四次或四次以上方根的方法，是现存的记载这种方法的最早论著。有趣的是，纳西尔丁得出了"两个奇数的平方和不可能是一个平方数"这一非常重要的数论结论。

《令人满意的论著》主要讨论了几何学，尤其是欧几里得平行公设。他继承了海亚姆的四边形思想，借用折线的方式，来证明平行公设。但是，他的证明有个漏洞，后来他也注意到了这个漏洞，因此他在译注《原本》时，实际采用了若干等价的命题来代替平行公设。纳西尔丁先后两次修订和注释《几何原本》，对平行公设做了较深入的探讨。

在三部著作中，最重要的是《横截线原理书》，在数学史上，它被认为是流传至今最早的三角学专著。在它之前，只有在天文学论著中才会出现三角学知识，它是附属于天文学的一种计算方法。正是纳西尔丁的这部著作，使三角学成为数学领域一个独立的分支。也正是在这部著作中，第一次出现了著名的正弦定理。

不仅在数学方面，在天文学方面，纳西尔丁同样做出了卓越的贡献。纳西尔丁编写了著名的《伊尔汗历数书》一书。在这本书中，他将岁差常数定为每年51″，与今天的测量误差不超过半秒，已经非常精确了。除此之外，纳西尔丁的《天文宝库》也对后来的天文学家产生了重要的影响。

第六章

欧洲文艺复兴——艺术与几何擦出火花

欧洲文艺复兴时期，是一个大师巨匠横空出世的时期，出现了像达·芬奇、米开朗琪罗、拉斐尔等艺术大师。在这一时期，各门艺术的相融已不能满足艺术的创新与发展。阿尔贝蒂曾说：我希望画家应当通晓全部自由艺术，但我首先希望他们精通几何学。所以，艺术家们将视线逐渐转移到了数学等其他学科上。

第一节　中世纪的欧洲数学发展

从公元 5 世纪罗马文明的瓦解开始，到公元 14 世纪、15 世纪欧洲的文艺复兴，在这漫长的 1000 多年时间里，欧洲一直处于黑暗时代，意大利的一些人文主义者将这段时间称为欧洲的"中世纪"。在这段时间里，东方的文明古国，如中国、印度，以及阿拉伯在数学领域做出了一些新的贡献。

大约在 9 世纪，欧洲西部的一些国家结束了战乱，人们可以过上安稳的生活，于是，他们开始慢慢关注起教育来。在不少地方，教会还成立了学校，在那里就读的孩子毕业后，主要从事牧师或是神职一类的工作。他们在学校主要学习语法、逻辑和修辞学。特别优秀的学生还可以学习算术、几何学、音乐和天文学。学校之所以要开设这几门课，为的是培养他们对数学的兴趣，因为大多数孩子都不喜欢数学。

那时，除了在教会学校学习这些课程，还可以到哪里学习更多新的知识呢？首先，人们想到了西班牙。一是因为他们离西班牙很近，不用乘船去很远的地方；二是因为当时西班牙正在被阿拉伯帝国统治，阿拉伯人带来了许多新的知识、技术。说到人们去西班牙求学，就不得不提格伯特·德奥里亚克，也就是后来的罗马教皇西尔维斯特二世。他是一位大教育家，被人们称为"魔术师"。

西尔维斯特二世出生在法国南部一个贫苦的家庭，小时候在西班牙生活过三年，并在一座修道院中学习数学。长大后，他筹钱在法国的莱姆斯建了一所教会学校。学校开设有算术和几何学课程，教学生们学习使用计数板和阿拉伯数字。后来，他去了罗马，因为他在数学方面非常有才华，所以教皇非常赏识他，并把他引荐给了皇帝。皇帝见他非常聪明，便让他做太子的老师。后来的几个皇帝也都非常器重他，就这样，他后来竟然当上了教皇。

据说，他非常肯动脑子，为了教学生学好数学，他曾经制作过不少教具，如算盘、地球仪和时钟等，而且他还撰写了一部几何学著作，巧妙地解决了一个当时让人头疼的问题：已知一个直角三角形的斜边和面积，如何求出它的两条直角边的长度？

在格伯特·德奥里亚克之后，越来越多的学者开始到西班牙学习、生活，并翻译了大量用阿拉伯语记载的文献、资料。那时候，在欧洲懂阿拉伯语的人并不多，所以在翻译的时候，先由一位懂阿拉伯语的犹太学者将阿拉伯语译成通用语言，然后再翻译成拉丁语。就这样，他们翻译了很多阿拉伯语的数学和哲学文献，包括从亚里士多德到欧几里得的各种古希腊语文献，最早都是从阿拉伯语翻译过来的。

当时，巴格达是阿拉伯文化的中心，它离西班牙非常遥远，所以，在西班牙的图书馆只能找到一些比较古老、简单的文献资料。那时候，在巴格达有一位非常有名的数学家，名叫花拉子米，他的著作《印度的计算术》被翻译成拉丁文后，又被多次改编，对欧洲近代科学的诞生产生了积极影响。由于他在代数与算术方面做出了很大的贡献，所以，他也被誉为"代数学之父"。

　　在11世纪和12世纪，教会控制了西欧的文化与教育，并在博洛尼亚、牛津、巴黎，以及欧洲其他城市建立了第一批大学。当时，很多大学的学者原本对数学不怎么感兴趣。后来受古希腊哲学家亚里士多德在运动理论方面做的一些研究的影响，牛津和巴黎的一些学者也开始对运动学产生了兴趣，并开始研究物体运动。从这之后，欧洲出现了一些杰出的数学家。

第二节　斐波那契提出的兔子问题

在中世纪，很多欧洲人都和阿拉伯人做生意。其中，在意大利比萨有一个商人，名叫威廉，他在非洲北部一带工作。他生了一个儿子，取名斐波那契（本名叫列奥纳多）。后来，他儿子成了一位大名鼎鼎的数学家。

1202年，斐波那契出版了自己的第一本著作《计算之书》（亦译作《算盘全书》《算经》），书中包含了很多希腊、埃及、阿拉伯、印度以及中国数学方面的内容。1228年，这本书被修订后再版，它对当时欧洲人的思想产生了重要影响。

在斐波那契年轻的时候，父亲经常带着他到处旅行，并让他学习阿拉伯数学。斐波那契不但喜欢钻研，学习刻苦，而且经常帮父亲做一些力所能及的事。在学习阿拉伯数学的过程中，聪明的斐波那契发现，使用阿拉伯数字计数要比罗马数字方便很多，于是，他前往地中海一带，拜当时著名的阿拉伯数学家为老师。大约在公元1200年，他回到意大利。

后来他把自己积累的数学知识写在了《计算之书》中。在这本书中，他通过在记账、重量计算、利息、汇率和其他方面的应用，显示了阿拉伯数字给生活工作带来的便利。

《计算之书》的开始部分介绍了数的一般算法，采用的是六十进制，斐波那契引进了分数中间的横杠——这个记号我们今天仍然在用。在《计算之书》的第二部分，介绍了阿拉伯数字在生意中的运用，而且还谈到了我们历史上著名的数学家张丘建提出的"百钱买百鸡"问题。要知道，张丘建发现和研究这个问题要比欧洲早一千多年。《计算之书》的第三部分探讨的是一些杂题和怪题，其中要数"兔子问题"最出名了。

下面我们来看一下这个问题：

一般来说，小兔子出生满两个月后便有了生育能力，如果按照一对兔子一个月可以生出一对小兔子来计算，那么一年后有多少对兔子呢？

现在，我们就拿刚出生的一对小兔子为例，做如下分析：

第一个月小兔子还没有生育能力，所以只有一对；

两个月后，生下一对小兔子，这时一共有两对；

三个月以后，老兔子又生下一对，由于上个月刚出生的小兔子还不能生育，所以一共是三对；

……

按照这种方法算下去，便可以列出下面的两组数字：

经过月数 0 1 2 3 4 5 6 7　8　9　10　11　12

兔子对数 0 1 1 2 3 5 8 13 21 34 55 89 144

在"兔子对数"一行中，数字"1，1，2，3，5，8，…，144"，构成了一个数列。仔细观察会发现，这个数列有一个明显的特点：在相邻的三个数字中，后一个数字为前两个数字之和。因为这个数列最早是由斐波那契提出来的，所以也叫"斐波那契数列"，它可以用一个通项公式表示，即 an ＋ 2 ＝ an ＋ an ＋ 1。

小朋友们可能不知道，斐波那契数列和大自然还有很大的关系。比如，那些竞相开放的美丽花朵，它的所有花瓣数都来自这个数列中的一项数字；再如，我们吃的菠萝，它的表面呈方块形的鳞苞形成两组旋向相反的螺线，螺线的总数一定是斐波那契数列中相邻的两个数字（如果左旋 8 行，那右旋一定是 13 行）。在 20 世纪 90 年代，人们通过研究斐波那契数列发现：在数列中，任取两个相邻的数，用前面的除以后面的，其结果都无限接近 0.618 这个值，这也是我们所谓的"黄金分割数"。是不是非常奇妙？

除此之外，斐波那契数列还有两个非常有趣的特征：一是斐波那契数列中任何一项的平方数都等于跟它相邻的前后两项的乘积加 1 或减 1；二是任取相邻的四个斐波那契数，中间两数相乘，与两边两数相乘的结果相差 1。

大约在 1220 年，罗马帝国皇帝腓特烈二世来到了意大利比萨，并特意召见了斐波那契。当时皇帝身边的随从向斐波那契提出了一些数学难题，斐波那契应答如流。从那之后，斐波那契便与这位非常喜欢数学的皇帝成了朋友，并且经常保持书信往来。当然，还有一种说法，说斐波那契被皇帝邀请到宫中，成为欧洲历史上的第一个宫廷数学家。

除了出版《计算之书》，斐波那契还写了一本书，叫《平方数书》，这是他专门献给腓特烈二世的，他在书中做出了一个判断：$x^2 + y^2$ 和 x^2-y^2 不都是平方数。它被人们认为是一本专门讨论某类问题的数论专著，并奠定了斐波那契作为数论学家的地位。

1963年，一些长期研究斐波那契数列的数学家成立了斐波那契协会，并在美国出版《斐波那契季刊》，专门刊登研究和斐波那契数列有关的数学论文。并且，每隔两年就会举办一次斐波那契数列及其应用大会。在世界数学史上，这也算得上是一个奇迹了。

斐波那契不仅为欧洲数学做出了重要的贡献，而且也为欧洲与东方的数学交流起到了桥梁作用。所以，16世纪意大利最伟大的数学家卡尔达诺曾评价他说："我们可以假定，所有我们掌握的希腊之外的数学知识全部是因为斐波那契的出现而获得的。"

看过斐波那契画像的人都说，他的神态像极了比他晚出生三百年的画家拉斐尔——他总是以旅行者自居。人们习惯叫他"比萨的列奥纳多"，而将《蒙娜丽莎》的作者称作"芬奇的列奥纳多"。

第三节　阿尔贝蒂的透视学

在 14 世纪，随着城市经济的繁荣，意大利、西班牙、法国和英国等国先后成为君主制国家，这些国家提倡世俗教育。之后，随着新航线的开辟、美洲新大陆的发现，以及哥白尼"日心说"的提出、活字印刷术的发明和应用等，一个崭新的时代来临了。

那时人们认为，文艺在希腊、罗马古典时代曾非常繁荣，而现在又迎来了思想文化的繁荣——"文艺复兴"。

文艺复兴最早在意大利各城邦兴起，那时的意大利人具有一种人文主义理想，他们认为人才是宇宙的中心，而且觉得只要一个人愿意学习，他的发展能力便是无限的。所以，他们当中的一些人求知欲望特别强，竭尽自己所能去获取一切知识。比如他们学习各个方面的知识，非常注意锻炼身体，参加各类社会活动，加强自己的文学艺术修养，探求自我发展的途径。像这样的人被称为"文艺复兴人"，或者是"全才"，其中最典型的代表人物，要数阿尔贝蒂了，他不但是一位非常优秀的雕刻家、建筑师、画家，而且也是杰出的文学家、数学家、哲学家，同时，他非常擅长马术和武术。

阿尔贝蒂出生在热那亚，据说，他是佛罗伦萨一位银行家的私生子。年少的时候，他就在父亲身边学习数学，并能够用拉丁文创作喜剧，之后，他获得了法学博士学位，并有幸做过罗马教廷的秘书。阿尔贝蒂非常喜欢钻研，他利用自己掌握的几何知识，可以在平面木板上或是墙壁上绘出立体场景的图案，画面看上去更逼真、丰满。正是这种透视绘画风格，极大地提升了意大利的绘画与浮雕水平。他曾说："一个人只要想做，他便可以做成任何事情。我希望绘画家们通晓全部自由艺术，但我最希望他们精通几何学。"

在阿尔贝蒂之前，意大利的佛罗伦萨曾诞生过一位伟大的建筑师，他叫布鲁内莱斯基。据说，布鲁内莱斯基小时候非常喜欢数学，而且为了运用几何，还学习绘画，最后成了一位优秀的建筑师和工程师。即使在今天，人们来到佛罗伦萨这座"艺术之都"，都会迫不及待地去欣赏他的杰作，即圣母百花大教堂八边形的双层拱架穹顶。当时在许多人看来，这简直是一个建筑奇迹——穹顶直径达 40 多米，比罗马帕特农神庙的圆顶还要宽。在建造这个穹顶的时候，他才 24 岁。

布鲁内莱斯基被认为是最早研究透视法的人。阿尔贝蒂也对透视法非常感兴趣，他创立的透视法的基本原理是这样的：

在眼睛和景物之间放一块直立的玻璃屏板，假设光线从一只眼睛出发，射到景物的每一个点上，这样，当光线穿过玻璃时，所有点的集合便会形成一个截景。在眼睛看来，这个截景和实景是一样的，所以，要想使画面逼真，就要在玻璃或画布上画出一个真正的截景。阿尔贝蒂注意到，假如在眼睛和截景之间放置两块玻璃，截景就不相同了；如果眼睛从两个位置观察同一个景物，那么玻璃屏板上的截景也会不同。

不管在哪种情况下，阿尔贝蒂提出的"任意两个截景之间有何种数学关系"这个问题，都是射影几何学的出发点。

同时阿尔贝蒂还注意到，在作画的某一个实际图景中，画面上的平行线必然在某一个点相交。这个点就是"没影点"。那这个没影点是怎么形成的呢？原因很简单：实景上的任何两条平行线都会与观测点分别组成两个相交叉的平面，其相交的那条线与玻璃屏板的交点就是没影点。这个点的出现，也成为绘画史上的一个转折点。之前，没有哪个画家会画得非常精确，而在此之后，几乎所有画家都遵循了这一原则，当然，没影点本身不会出现在画面上。

正是因为在研究透视法和没影点这两方面的贡献，阿尔贝蒂被认为是文艺复兴时期最重要的艺术理论家。

不管做哪种工作，阿尔贝蒂始终服务于当时佛罗伦萨倡导的"有公民意识的人文主义"的社会观。比如，他撰写了第一本意大利语文法书，认为佛罗伦萨当地的语言和拉丁语都是"正规"语言，都可以用来创作文学。再如，他写过一篇对话录《论家庭》，将一切成就和为公众服务视作美德，这都充分体现了他的人文主义观。

第四节　达·芬奇是一个全才

　　达·芬奇，全名叫列奥纳多·迪·皮耶罗·达·芬奇，是意大利著名的画家、数学家、天文学家，与拉斐尔、米开朗琪罗三人并称为意大利"美术三杰"。

　　1452年，达·芬奇出生在位于意大利佛罗伦萨不远的一个小镇上。他的父亲叫瑟·皮耶罗·达·芬奇，是一位小有名气的律师，他的母亲卡泰丽娜是农妇。父亲希望他将来能像自己一样做一名律师。但是很小的时候，达·芬奇就喜欢上了画画。

　　小时候，达·芬奇长得很可爱，头脑也非常聪明，是人见人爱的小机灵鬼。读小学的时候，他的学习成绩特别好，有时，他会在课上提一些古怪的问题，连老师都回答不上来。课余时间，他的一大爱好就是画画，见什么画什么，比如画蛇、蝙蝠、蝴蝶……画什么像什么，栩栩如生，人们见到他，都喜欢叫他"小画家"。

他14岁的时候，全家搬到了佛罗伦萨。达·芬奇一心想学绘画，于是，他请求父亲把自己送到一家艺术工厂，父亲拗不过他，只好答应了他。从那之后，他便跟随自己的老师——那家艺术工厂的著名画家和雕塑家韦罗基奥学习。

刚开始，老师什么也不教他，只让他画鸡蛋。每天，达·芬奇按老师的要求看着鸡蛋画，画了好几天，他感觉特别无聊。于是，他问老师："为什么总是让我画鸡蛋呢？"

韦罗基奥说："画鸡蛋可不简单啊，你要知道，1千个鸡蛋中，也没有两个形状是完全一样的。即便是同一个鸡蛋，从不同的角度看形状也不一样。"达·芬奇突然明白了，原来画鸡蛋也有这么多学问。从那之后，他开始认真练习绘画的基本功，而且进步特别大。

1482年，达·芬奇在意大利理工学院完成学业，开始从事建筑和绘画，在宫廷中进行创作和研究活动。后来，他又到罗马和佛罗伦萨等生活和工作。

在达·芬奇的一生中，1482—1499年这段时间过得比较顺利。这段时间，他住在米兰，而且在当地比较有名气，这并不是因为他是一位画家，而是因为他在音乐方面的天赋，比如，他七弦琴弹得非常棒。在这段时间里，他没有创作多少作品，然而，他过人的才华深受米兰大公卢多维科·斯福尔扎的赏识。

1499年，为了逃避战乱，达·芬奇离开佛罗伦萨，前往曼图亚和威尼斯等地，边旅行边做一些科学研究。

1500年，达·芬奇回到佛罗伦萨，并沉下心来创作《蒙娜丽莎》。

在创作这幅画时，达·芬奇采用了透视法等多种画法。

1513年，达·芬奇移居罗马。对他来说，罗马算不上是一个非常讨人喜欢的地方，所以他在那里只做了短暂的停留，并与米开朗琪罗和其他罗马艺术家见了面，这时，达·芬奇还没有显现出自己在绘画方面的过人天赋，只是在那里研究一些类似魔法的小把戏。

1516年，达·芬奇来到法国，并在昂布瓦斯定居。

在达·芬奇晚年，他基本不怎么作画，一心做科学研究。他去世后，留下了大量内容为物理、数学、生物解剖等方面的手稿。他一生没有完成多少绘画作品，但每一件都是珍品，都是传世之作，在世界美术史上也是独一无二的。

达·芬奇认为，一幅画必须是原形的再度精确呈现，且只有运用数学的透视法才能保证做到这一点。他在几何学方面的主要成就是，明确了四面体的重心位置，即在底面三角形的重心到对顶点的连线四分之一的位置上。但是，在求等腰梯形的重心问题上，他竟犯了一个错误，给出的两个方法中有一个是错误的。

达·芬奇在钻研科学方面和他钻研艺术作品一样用心。比如，他的著作《哈默手稿》中，就蕴含了许多早期的科学知识。这本著作几乎囊括了所有的研究课题，从物理工程学、机械动力学、生物工程学、人体解剖学，到天文学和建筑学等一系列自然科学，他力求用最完美的一系列数学公式将它们表达出来，因此他称数学是"一门美丽的语言学"。

在进行一些科学研究时，达·芬奇特别善于观察，而且能以特别精细的手法描述一个现象。因为他没有正式学过拉丁文与数学，所以那时的学者不怎么关注他在科学领域中的活动，也没有注意他提出的科学研究的方法。

达·芬奇说，他几乎没有受过书本教育，他真正的老师是大自然。为了认识自然，认识自己，他孜孜不倦地探索着。他说，"理论脱离实践是最大的不幸"，"实践应以好的理论为基础"。他身体力行，运用这种方法从事科学研究，在自然科学方面取得了骄人的成就。达·芬奇的这种工作方法为之后的哥白尼、伽利略、牛顿，以及爱因斯坦等人的发明创造开辟了一条新的道路，甚至成为近代自然科学最常用的研究方法。

在天文学方面，达·芬奇完全否定"地球中心说"，他认为地球并非太阳系的中心。并且他还认为，月亮本身是不发光的，它的光亮来自太阳。甚至他还幻想过如何利用太阳能。

在物理学领域，达·芬奇认真研究过很多力学方面的问题。比如，他研究过液体的压力，并提出了连通器原理——在一个连通器中，同一液体的液面高度是相等的，不同液体的液面高度不同，液体的高度与密度成反比。

达·芬奇发现了惯性原理，后来伽利略通过实验证明了这一原理。他还提出，刚开始，一个抛射体是沿着倾斜的直线上升的，因为受到引力和冲力的综合作用，所以在上升过程中会做曲线位移，当冲力耗尽，受重力的作用，物体会做垂直下落运动。他还根据实验和观测得出：重物会沿着它与地心相连的直线下落，下落的速度与时间成正比。

在静力学方面，他明确了力矩的概念：杆上的物体是否能够保持平衡，"由它们的重量和距支点的距离决定"，并据此总结出计算几何体重心的通用法则。在运用这一法则研究重物沿斜面运动时，他恰当地定义了摩擦力的概念：物体"都不可能自己运动……每一个物体在其运动方向上都有一个重量"。物体在运动时，"对空气的压力等于空气作用于其上面的力"。

在流体力学领域，他注意到河水的流动速度与河道的宽度成反比，并认为血液在血管中流动也符合这个原理。他运用力学和机械原理设计了一些机器和器械，并通过对小鸟翅膀的研究，发明了一种飞行器。

他甚至假想过物质的原子原理，曾形象地描述了原子能的巨大威力："那东西将从地底下爆起，让人们在悄无声息中突然死去，城堡也将被摧毁，看上去在空中有极大的破坏力。"

在光学方面，达·芬奇认为：光是由中心向外传播的；光和水波、声波的运动方式非常像，并预见了多普勒效应；光的速度并非是无限的。另外，他还设计并进行了针孔成像实验，并根据眼球的构造和功能设计了光学仪器。

在医学领域，达·芬奇在生理解剖学方面取得了不俗的成就，甚至被认为是近代生理解剖学的始祖。为了认识人体结构，他亲自解剖了几十具尸体，对人体的骨骼、肌肉、关节，以及内脏器官等进行了精确的绘制。

他发现了血液的功能，认为血液一刻不停地在循环，并且持续地改造全身，将各种养料输送至身体的各个部分，然后再将体内的废物输送走。达·芬奇还研究过心脏，他发现心脏有四个腔室，并描绘出了心脏瓣膜。他提出，动脉硬化是使老年人死亡的一个重要原因，而缺乏运动又会产生动脉硬化。后来，达·芬奇这些生理解剖学成果都得到了证实。

虽然达·芬奇是个极其罕见的全才，但由于他一直致力于解剖学的研究，破坏了天主教的基本教义，惹怒了当时的罗马教皇。所以，他到了晚年并没有受到教皇的器重和赏识，这让他非常伤心。

1515年，法兰西国王弗朗索瓦一世再度占领米兰时，热情邀请达·芬奇前往法国，并聘他为宫廷画家。当时，达·芬奇就住在位于昂布瓦斯城堡中的克鲁克斯庄园。1519年5月2日，达·芬奇因病逝世，时年67岁。他的学生弗朗西斯科·梅尔兹对此说："对于每一个人来说，达·芬奇的去世都是一种损失，造物主无力再造出一个像他这样的天才了。"

第七章

数学在分析时代的发展

　　德国著名古典哲学创始人康德说：自然科学的发展，取决于其方法和内容与数学相结合的程度，数学成了打开知识大门的金钥匙，成了"科学的皇后"。17 世纪，人们对自然科学的研究中心逐渐转向自然界的运动和变化。但是，当时的数学方法无法满足这一要求，所以数学家们开始了数学新方法的寻找。

第一节　近代数学是怎样兴起的

在文艺复兴时期，许多艺术家对数学情有独钟，并有着独到的见解，但是，数学的复兴乃至近代数学的兴起，却是在 16 世纪。

新数学的推进最早是从代数学开始的，比如，三角学从天文学中分离出来，透视法产生射影几何学，对数的发明大大缩短了计算时间，但其主要成就，应该是三次和四次代数方程求解的突破，以及代数的符号化。花拉子米的《代数学》被翻译成拉丁文后，在欧洲被广泛用作教科书，但是人们依然认为，三次或四次方程如同希腊的三大几何问题一样难以求解。幸运的是，随着塔尔塔利亚和卡尔达诺的出现，这个问题不再是问题。

塔尔塔利亚本名丰塔纳，是意大利数学家。他出生于布雷西亚一个邮差家庭，很小的时候，父亲就去世了。12 岁那年，他的家乡被攻陷，一个法国士兵猛打了他的脸部。这次受伤给他留下了口吃的后遗症，所以他的名字叫塔尔塔利亚（意思是"口吃者"）。但是，他的脑子一点也不笨。成年后，他在意大利北部的一些大学教授数学，于1524年来到威尼斯。

有一次，塔尔塔利亚说，他能解出没有一次项或二次项的所有三次方程，即 $x^3 + mx^2 = n$ 和 $x^3 + mx = n$（m，$n > 0$）。博洛尼亚大学的一位教授不相信他的话，于是派了一位学生向塔尔塔利亚发起挑战，结果塔尔塔利亚获胜，因为对手只会解缺少二次项的那一类方程。

1539年，有一位米兰的数学爱好者，叫卡尔达诺，他非常仰慕塔尔塔利亚，并邀请塔尔塔利亚到自己家中做客。塔尔塔利亚爽快赴约，在吃过饭后，卡尔达诺向塔尔塔利亚请教有关三次方程的问题，并发誓一定保密，塔尔塔利亚又爽快地答应了，用暗语一样的25行诗歌说出了三次方程的解法。让他做梦也没有想到的是，几年后，卡尔达诺出版了一本书，名叫《大术》，他在书中阐述了塔尔塔利亚的方法，一时间引起轰动。另外，他还分析过 $m<0$ 的情形，并进行了详细的解答。对于缺少一次项的那类三次方程，通过变换便可以转化成上面的情形。

《大术》还说明了四次方程的一般解法，不过，这种解法不是卡尔达诺给出的，而是他的仆人费拉里想到的。费拉里家境贫寒，为了生计，他15岁便到卡尔达诺家做仆人，主人见他聪明好学，于是便教他数学。费拉里找到了把四次方程转换为三次方程的方法，因此成为第一个破解四次方程的数学家。费拉里成名之后，很快便成了一个富人，而且还在博洛尼亚大学谋得了一个数学教授的职位。直到19世纪，挪威数学家阿贝尔才证明了五次以及五次以上代数方程的不可解性。所以在很长一段时间里，这几位意大利人的故事都是人们茶余饭后的谈资。

如果非要做一个比较的话，或许塔尔塔利亚和费拉里解决实际问题的能力更强一些，但是，卡尔达诺所扮演的角色更为关键。像卡尔达诺这样的人物，16 世纪的法国也出现过一位，这个人就是韦达。韦达被认为是第一个引进了系统的代数符号的人，并对方程论做出了杰出贡献。

韦达的本职工作是律师、官员，但他对数学非常感兴趣，他利用自己在数学方面的天赋，破译了与法军交战的西班牙国王的密令。韦达在仕途并不顺畅的时候，一门心思研究数学，他通过看丢番图（古希腊数学家）的著作，产生了使用字母的想法。后来，他被誉为"现代代数符号之父"，虽然他本人启用的符号大多已不再使用。

小朋友们可能不知道，在我们今天使用的数学符号中，有 15 世纪引入的加号（＋）、减号（－）和乘幂表示法，有 16 世纪引入的等号（＝）、大于号（＞）、小于号（＜）、根号（$\sqrt{}$），还有 17 世纪引入的乘号（×）、除号（÷）、已知数（a、b、c）、未知数（x、y、z）等。

我们可不要小看这些数学符号，它们的引入为近代数学的兴起与发展发挥了重要的作用。

第二节　笛卡儿是怎样创建解析几何的

提到笛卡儿，大家首先会想到什么？

很多小朋友们会说："笛卡儿是个法国人""他是哲学家""他是神学家"……可是大家知道吗？笛卡儿还是一位杰出的数学家。他在数学领域所做出的贡献，推动了现代数学的发展。由于他是将几何坐标体系公式化的第一人，所以，人们都称他是"解析几何之父"。

1596 年 3 月 31 日，勒内·笛卡儿出生在法国安德尔 - 卢瓦尔省一个普通的贵族家庭，父亲是一位议员，同时也是一名地方法院法官。笛卡儿 1 岁时，母亲因患肺结核去世。之后，父亲离开了家乡，并且再婚，把笛卡儿留在了外祖母身边。因为家庭环境的原因，笛卡儿的性格比较孤僻，但是他喜欢思考，这使得他的身上有了一些哲学家的气质，父亲便经常亲切地把他称为"小哲学家"。

父亲很希望自己的儿子将来能当一名神学家，于是，在笛卡儿 8 岁时就把他送到了皇家大亨利学院。这所学院位于拉弗莱什，是当时欧洲非常有名的一所贵族学校。笛卡儿从小体弱多病，学校为此给了他不少关照，如可以不受校规的约束，早晨无须来学校上课，可以在家里读书。时间一久，他便喜欢上了清静的环境，而且特别喜欢独自思考一些问题。他在皇家大亨利学院一共学习了 8 年，学习了很多学科，像古典文学、历史、神学、哲学、法学、医学、数学，还有一些其他自然科学。但是，他对自己学习的东西并不感兴趣，而且认为这些知识不够严谨，如书本上的一些论证，要么模棱两可，要么前后矛盾，这也让他开始怀疑是否可以从学校获得确凿的知识，但是，让他略感安慰的是，他觉得数学很有意思。

1616 年 12 月，为了遵从父亲让他成为律师的愿望，他从学校毕业后，便到普瓦捷大学学习法律与医学。但是，相对于其他各门知识，他最感兴趣的是数学。毕业后，笛卡儿对自己接下来要从事哪种工作一直举棋不定，于是，他决定游历欧洲各国，为的是寻找"世界这本大书"中的智慧。

1618 年，笛卡儿在荷兰加入了拿骚的军队。由于荷兰和西班牙签订了停战协定，于是笛卡儿便利用闲暇时间学习数学。也正是在这段时间，他对结合数学与物理学产生了浓厚的兴趣。

1618 年 11 月 10 日，在马路边的一块公告栏上，他偶然看到用佛莱芒语提出的数学问题征答。这当即引起了他的兴趣，于是，他找来一个人，将自己不明白的地方让对方翻译成拉丁语。那个人便是比他年长 8 岁的以撒·贝克曼。贝克曼对数学和物理学颇有研究，很快，他便成为了笛卡儿的导师。4个月后，他在一封写给贝克曼的信中说："你是将我从冷漠中唤醒的人……"并且还说，他在数学上有了4个重要发现。

据说，有一天晚上，笛卡儿做了三个非常奇怪的梦。在第一个梦中，在一场大风暴中，自己被一阵狂风吹到了一个没有风的地方；在第二个梦中，他获得了一把可以打开自然宝库的钥匙；在第三个梦中，他找到了通往真正知识的道路。这三个奇特的梦，更坚定了他创立新学说的信心。也正是这一天，笛卡儿思想上出现了重要转折，之后这一天也就成了解析几何的诞生日。

1621年，笛卡儿从荷兰军队中退伍，并回到国内。当时法国正在发生内乱，第二年，26岁的笛卡儿卖掉父亲留下的资产，开始游历欧洲各国，于1625年又搬到巴黎。在当时，法国的教会势力异常强大，不允许人们自由讨论宗教问题。1628年，他又返回荷兰，并长期在那里居住。静下来的笛卡儿除了钻研数学、哲学与物理学，还对天文学、生理学、化学展开了研究，而且撰写了一些著作。

除了在哲学领域有所建树外，笛卡儿还在物理学、生理学等方面提出了非常独特的见解，另外在数学方面，他创立了解析几何，这也是打开近代数学大门的创举。

在当时，代数是刚刚兴起的一门学科，在数学家的头脑中，几何学的思维依然占据着统治地位。在笛卡儿创立解析几何学之前，人们将几何与代数视为两个独立的领域。笛卡儿认为，希腊人的几何学过分依赖于图形，这会影响人们想象力的发挥。他提出，因为代数学完全隶属于法则及公式，将来也不会发展为一门能够提升人们智力的科学。他给出的建议是，应该把几何与代数各自的优点提取出来，再将它们结合在一起，从而建立一种"真正的数学"。笛卡儿这种思想的核心在于：为了解决几何学问题，先将其转换为代数形式的问题，然而再运用代数学的方法计算、证明，从而得出结果。遵照这种思想，他创立了"解析几何学"，之后他又指出了它未来发展的方向。就是到了现在，他创立的"解析几何"依然是一种非常重要的数学方法，被人们广泛使用。

在古希腊时期，"数"和"形"就是相互对立的，直到笛卡儿创立"解析几何"，才将它们统一了起来。笛卡儿的这种创举，为日后微积分的创立奠定了基础，同时也向外延伸了变量数学的空间。

需要说明的是，笛卡儿运用了运动的观点，把一条曲线视为无数点的运动轨迹，这样一来，不仅使点与实数之间建立起了对应关系，而且还将点、线、面和"数"统一起来，使曲线和方程也建立了对应关系。这些关系的建立，意味着函数概念开始萌芽，同时也说明变数开始进入数学，因此，数学在思想方法方面有了新的突破——常量数学进入变量数学。当引入辩证法后，因为有了变数，所以探索微分和积分也就显得非常迫切了。

第三节　牛顿和莱布尼茨

大家都知道，牛顿是英国的一位大科学家，是一位百科全书式的"全才"，提到他，都会想到那个被树上掉下来的苹果砸中脑袋的科学家。与牛顿一样，莱布尼茨也是一位绝顶聪明的科学家，他原本是一位律师，但是在数学方面，他和牛顿先后独立发现了微积分，并且他还对二进制进行了完善。

下面，就让我们来了解一下他们成长的故事，以及他们在各自研究领域所做的贡献吧。

牛顿，全名叫艾萨克·牛顿，1643年1月4日出生于英格兰林肯郡一个叫伍尔索普的小村庄的一个庄园。牛顿在出生前不久，就失去了同样名为艾萨克的父亲。但是，母亲仍然把她的儿子叫作艾萨克。

牛顿3岁时，母亲改嫁给一个名叫纳巴斯·史密斯的牧师，从那之后，牛顿就由外祖母抚养。1648年，到了上学的年龄，牛顿被送到公立学校读书。那时候，牛顿的学习成绩并不比其他孩子更优秀，但是，他有一个爱好，那就是特别喜欢阅读，而且在读完一些介绍各种简单机械模型制作方法的书籍后，他还会认真琢磨，有时还会按照书中的启发，自己做一些奇怪的小东西，比如，他做过小风车、小木钟以及可以折叠的提灯等。

据说有一次，小牛顿认真琢磨了风车的原理，并亲手制作了一架小磨坊的模型。然后他抓来一只小老鼠，将它绑在带轮子的小踏车上，在轮子的前面放几粒玉米，老鼠刚好够不到。这样，当老鼠往前跑动，伸着脖子、探着头想吃玉米的时候，轮子就开始转起来。

还有一次，他在放风筝之前，在绳子上拴了一个小灯笼，当晚上他把风筝放到空中时，村里的人看到后都非常惊讶，起先都以为自己看到了彗星。

牛顿心灵手巧，有一次他还制造了一个小水钟，并把它放在床头上。每天清晨，小水钟里面的水便自动滴在他的头上，这样他就会从梦中醒来，按时起床了。

牛顿不但喜欢阅读、钻研，还喜欢画画、雕刻，特别喜欢刻日晷，他经常在家里的墙角、窗台等地方刻画日晷，用来观察日影的移动。

随着年龄的增长，牛顿更喜欢阅读了，而且他会带着问题阅读，有时还会做一些科学小实验。1654年，牛顿进入金格斯皇家中学读书，当时，他寄宿在一位药剂师家中，所以，在那里他经常会看到别人做化学试验，这也使他受到了一定的熏陶。

进入中学后，牛顿的学习成绩非常出色，并且喜欢研究一些自然现象，比如颜色、日影四季的移动，另外，他对几何学、哥白尼的"日心说"等非常感兴趣。课余时间，他不但会认真记读书笔记，而且会搞一些小发明、小创造。

后来，因为家庭条件不太好，迫于生活压力，母亲便让牛顿放弃学业，帮助家里干农活。牛顿离开学校后仍然酷爱读书，有时读着读着，一上午就过去了，所以经常会忘记干活。母亲每次让用人到市场上卖东西时，都会让牛顿一道前往，目的是想让他学习做生意的门道。虽然牛顿很听话，每次都会跟着用人去，但是一到市场，他就会和用人说："你先一个人上街吧，我一会儿就去找你。"随后，他便会跑到附近僻静的小树林中，坐在地上看书。

一次两次也就算了，时间一久，他的做法便引起了家人的怀疑。有一次，牛顿又要去小镇上，他的舅舅就跟在他后面。结果发现，他的小外甥压根儿就没有去市场，而是去了一个小树林。在小树林的草地上，他伸着双腿，正在专心致志地思考问题。这让舅舅非常感动，于是，他回来后极力劝说牛顿的母亲，让牛顿回学校读书，并且说，牛顿将来一定可以考上大学。后来母亲同意了，这样牛顿又可以回到学校了。

牛顿 18 岁的时候，以优异的成绩完成了中学的学业，并得到了一份评价很高的毕业报告，随后，进入剑桥大学学习。在大学里，他不但接触到了笛卡儿的哲学思想，还学习了伽利略、哥白尼和开普勒等一些天文学家的思想。1665 年，牛顿提出了一个定理，叫作"广义二项式定理"，没过多长时间，他就创立了微积分学这门新型的数学理论。这一年，牛顿获得了学位。与此同时，伦敦发生了大瘟疫，为了预防传染，剑桥大学暂时关闭，牛顿只好从学校回到家里。但是，他在家并没有停止学习，而是一直专心研究有关微积分学、光学和万有引力定律等方面的问题。

1727年3月31日，牛顿去世。人们给他立了一块墓碑，上面刻着这样一句话：让人们为此欣喜，人类历史上曾出现如此伟大的荣耀。

提到微积分，人们首先会想到牛顿，但是很少有人知道，与牛顿在微积分学方面有着同等贡献的还有一位数学家，他就是莱布尼茨。牛顿虽然对微积分进行了长期的研究，而且比莱布尼茨研究更早一些，但是牛顿没有及时发表微积分的研究成果，相反，莱布尼茨关于微积分的著作在出版时间上要比牛顿早一些。

1646年7月1日，莱布尼茨出生于罗马帝国的莱比锡。他是德国著名的哲学家、数学家，被后人称为"17世纪的亚里士多德"，是人类历史上极其少见的通才。

莱布尼茨的父亲是一位大学教授，不幸的是，在莱布尼茨6岁时，他便去世了。莱布尼茨8岁时，进入尼古拉学校就读，学习的主要课程有修辞学、算术、逻辑、音乐、路德教义以及《圣经》等。莱布尼茨非常喜欢读书，而且特别聪明，他12岁时，开始自学拉丁文与希腊文。14岁时，就进入莱比锡大学读书，20岁时完成学业，当时，他学习的专业是法律。1666年，他写了一部有关于哲学方面的书籍并出版，这本书叫《论组合术》。

虽然莱布尼茨在大学期间学的是法律，但是，他在数学、哲学方面却取得了骄人的成就。在数学方面，他发现了微积分，并且发明了一些微积分的数学符号，另外，他还对二进制的发展做出了贡献。

在哲学方面，莱布尼茨是一个乐观主义者，他认为，"我们的宇宙，在一定意义上是上帝所创造的最好的一个"。莱布尼茨被称为 17 世纪最伟大的理性主义哲学家之一，与笛卡儿、巴鲁赫·斯宾诺莎齐名。在哲学方面，莱布尼茨的贡献表现在，他预见了现代逻辑学和分析哲学诞生，并出版了《单子论》（1714 年）、《论形而上学》(1686 年）、《自然神学》《莱布尼茨与克拉克的通信》等。另外，他在政治学、法学、伦理学、神学、哲学、历史学、语言学诸多方面都留下了著作。

1716 年 11 月 14 日，莱布尼茨在汉诺威孤独地离开了人世，除了他的秘书，没见有多少人参加他的丧礼。

绝大部分现代历史学家都认为，牛顿与莱布尼茨创造了各自独特的微积分的数学符号，对微积分学做出了不同的贡献。据说，牛顿研究微积分，并提出相应方法的时间要比莱布尼茨早一些，但是，他直到 1704 年才进行了详细的叙述，在这之前，他没有公开发表过任何相关内容。在 1684 年，莱布尼茨就公开发表了微分论文，而且还给出了微分的概念，以及定义微分的符号 dx、dy。两年后，他又发表了积分论文，对微分与积分进行了探讨，同时还使用了积分符号 ∫。后来，有人研究过莱布尼茨的笔记，他们认为，截止到 1675 年 11 月 11 日，莱布尼茨已经建立起了一套完整的微分学。

但是在 1695 年，有些英国学者提出：牛顿最先发明了微积分，他理应享有发明权。1699 年，他们又说：创立微积分的是牛顿。为了调查谁是创立者，1712 年，英国皇家学会成立了一个调查委员会，经过调查，1713年初这个委员会给出了结果："牛顿是微积分的第一创立者。"而莱布尼茨则被称为骗子，直至他逝世后的几年里都遭受到唾弃。

在关于谁是微积分学第一发明人的激烈争论中，英国和欧洲大陆的数学家产生了严重的分歧。由于英国学者对牛顿非常崇拜，他们长时间固守于牛顿的流数术，只使用牛顿的流数符号，所以这也阻碍了英国数学的发展。

然而，莱布尼茨却给了牛顿非常高的评价。1701年，普鲁士国王腓特烈在柏林宫廷举行了一次宴会，在宴会上，他问了莱布尼茨一个问题："你是怎样评价牛顿这个人的？"莱布尼茨回答说："在从世界诞生，到牛顿生活的时代的所有数学中，牛顿的工作超过了一半。"

1687年，牛顿在他的著作《自然哲学的数学原理》里这样写道："十年前，在我与最伟大的几何学家莱布尼茨的信件往来中，我表明自己早已知晓确定最大值和最小值的方法、作切线的方法，以及类似的方法，但是，我在与他信件往来中隐瞒了这些……在给我的回信中，这位伟大的科学家说，他也发现了相同的方法，并说明了他的方法，除了使用的词语与符号，我们的方法似乎没有什么区别。"所以不少人认为，牛顿和莱布尼茨各自独立地创建了微积分，只是他们的出发点不同：牛顿从物理学方面出发，并运用集合方法来研究微积分；而莱布尼茨是从几何问题上出发，在运用分析学方法的过程中引入微积分概念，从而给出运算法则。

莱布尼茨认为，使用恰当的数学符号可以节省脑力劳动，同时，正确使用符号对数学研究很重要。所以，他所发明的微积分符号在实用性方面要远超牛顿创造的微积分的符号，这极大地促进了微积分的发展。

第四节　微积分学的发展与影响

　　说到微积分真正成为一门学科，是从 17 世纪开始。这一时期，有许多科学家都致力于解决速率、极值等问题，并且在很短的时间内取得了不错的成就。

　　特别是在牛顿与莱布尼茨时代，微积分学逐渐建立成形。而且这一时期由于社会过渡相对平稳，这也为西欧各国的科学研究创造了良好的环境。随着科学技术的快速发展，微积分得到了越来越广泛的应用，并且，在此基础上还产生了一些新的数学分支，从而形成了一个新的领域——"分析"，这个新领域在观念和方法上都具有鲜明的特点。所以在数学发展史上，18 世纪又被称为"分析的时代"。

　　有趣的是，就像分析综合了几何和代数，在艺术领域也存在空间艺术与时间艺术之外的所谓的综合艺术，其中的典型代表便是戏剧及电影。在文艺复兴之后，欧洲的戏剧得到了飞速发展。

比如在法国，17世纪被称为戏剧的黄金时代，这一时期诞生了不少卓越的戏剧大师，如高乃依、莫里哀和拉辛。他们都受到了西班牙戏剧的影响，比如，在高乃依的作品《熙德》中，主人公熙德就是一位西班牙民族英雄。这与意大利文艺复兴时期的戏剧对英国伊丽莎白时期戏剧的影响非常相似，莎士比亚的一些作品，如《威尼斯商人》《罗密欧与朱丽叶》《暴风雨》等里面所描述的故事，许多都发生在亚平宁半岛。

到了18世纪，德国戏剧异军突起，又诞生了像莱辛、歌德和席勒等这样的戏剧大师。现在，咱们再回到微积分。

在牛顿和莱布尼茨所做的原始工作中，其实已经显露出了一些新学科的端倪，因此，18世纪的数学家们可以从中挖掘出许多有价值的东西。但在推动这些学科发展之前，先得完善和扩展微积分本身，这其中首要的工作，就是对初等函数要有一个更充分的认识。

牛顿之后，英国的一些数学家在函数的幂级数展开式研究领域取得了一些成绩，比如，泰勒给出了我们现在常说的"泰勒公式"。这一公式使得任意一个函数展开成幂级数成为可能，所以它被看作微积分深入发展的有力武器，在他之后，法国的数学家拉格朗日甚至把它称作微分学基本原理。

但是，在证明这个公式时，泰勒的做法并不严谨，他并未考虑到级数的收敛性或发散性。不过，在那时这也无可厚非。毕竟，他也是一位很有天赋的画家，在其著作《直线透视》等中阐述了透视的基本原理，并首先解释了"没影点"的数学原理。以后大家会知道，泰勒级数中 $x = 0$ 的这种特殊情形，也叫"马克劳林级数"。

非常有趣的是，马克劳林要比泰勒小 13 岁，他给出这个公式的时间也比泰勒晚，但是这个公式却以他的名字命名。这是为什么呢？

一方面，是因为泰勒生前没什么名气，另一方面是因为马克劳林小时候就是个神童，聪明过人，且是牛顿"流数术"的忠实粉丝，21 岁就成为英国皇家学会会员，有一定的名气。

然而，在泰勒和马克劳林去世后，英国数学却一直停滞不前。相反，欧洲大陆的数学家却在莱布尼茨数学思想的引领下获得了丰硕的成果。

比如，地处欧洲中部的小国瑞士，在 18 世纪出现了几位知名的数学家。其中，约翰·伯努利最早将函数概念公式化，并且引进了变量代换、部分分式展开等积分技巧。那时，他在巴塞尔大学任教，其中有一个学生名叫欧拉，后来成为一位伟大的数学家。欧拉对微积分的每个部分都进行了细致、深入的研究。他把函数定义为：由一个变量与一些常量通过一定的形式形成的解析表达式。由此总结了多项式、幂级数、指数、对数、三角函数，甚至多元函数。欧拉还将函数的代数运算划分为两类：一类是包括四则运算的有理运算；另一类是包括开方根的无理运算。

除此之外，欧拉还定义了显函数和隐函数，单值函数与多值函数，以及连续函数、超越函数和代数函数，分析了函数的幂级数展开式，并且提出了一个结论：所有函数都是可以展开的。当然，这在今天看来是不完全正确的。

在数学方面，欧拉的研究成果有许多，与此同时，他在物理学、天文学、建筑学和航海学等方面也倾注了不少时间与精力，而且也取得了一些成就，因为他相信：凡是我们头脑能够理解的，相互之间都是有关联的。

随着微积分学的不断发展、完善，以及函数概念的深化，它又很快被应用于其他领域，并出现了许多分支，比如常微分方程、偏微分方程、变分法、微分几何和代数方程论等。这时，微积分的影响早已超出了数学范畴，而进入自然科学领域，诸如力学、人文和社会科学领域。所以，那时西方的科学家大多有一个明显的特点，就是都通晓一些数学知识，比如，一个力学家同时也会是一个数学家。

在各国数学家的努力下，许多数学分支都建立了起来，再加上微积分学这个主体，于是形成了一个新的数学领域，即"分析"，它与代数、几何一起被称为近代数学的三大学科。同时，在几何和代数研究中，微积分也被广泛应用，而最早取得成功的就是微分几何。

微积分的诞生，以及它和其他自然科学间的关系，引起了数学家们的思考，他们深信，数学方法一定可以运用于物理学领域及其他知识领域。大数学家笛卡儿甚至认为，所有问题最终都可以归结为数学问题，数学问题可以归结为代数问题，代数问题又可以归结为解方程问题。所以说，他将数学推理方法视为唯一可行的方法，并尝试在此基础上重构知识体系。

相比笛卡儿，数学家莱布尼茨的目标更加宏伟，他尝试创造一种涵盖一切的微积分和普遍的技术性语言，以用来解决人类碰到的所有问题。在莱布尼茨伟大的构想中，数学既是核心，又是起点。他甚至大胆提出，要将人的思维划分为诸个基本的、可以区分的、互不重合的部分，就如24这样的合数可以分解为几个质数因子相乘的形式。虽然莱布尼茨的构想未能实现，但是他提出的"通用语言"符号系统，为 19 世纪末及 20 世纪发展起来的逻辑学奠定了基础，因此他也被誉为"数理逻辑之父"。

另外，微积分还对宗教产生了一些影响。牛顿认为上帝也是一位优秀的数学家和物理学家；莱布尼茨虽然也承认上帝的创世之功，但他认为上帝是按照某种既定的数学秩序在工作的；柏拉图甚至相信，上帝是一位几何学家。当然，随着理性地位的提高，人们对待上帝似乎不再像过去那样虔诚，即使这并不是数学家和科学家们的初衷。

进入 18 世纪后，微积分学得到了进一步的发展。这一时期，在法国出现了启蒙运动，其精神领袖是伏尔泰，他既是牛顿数学和物理学的忠实粉丝，也是新兴的自然神论的主要倡导者。他主张将理性和自然等同起来，这个观点在当时受过教育的人群中非常流行。在美国，自然神论的推崇者包括托马斯·杰斐逊和本杰明·富兰克林，托马斯·杰斐逊为高等数学的传播做了许多工作。对于自然神论的信徒而言，上帝就是自然，自然就是上帝，故牛顿的《自然哲学的数学原理》被很多人奉为"圣经"。

第五节　数学史上的奇迹——伯努利家族

在数学史上出现过不少天才的数学家，但是一个家族三代人先后出过 8 位杰出的数学家却十分罕见。接下来，我们要了解的是这个在数学史上书写了传奇的家族，叫伯努利家族。

伯努利家族，又译为贝努利家族，这是 17—18 世纪出现在瑞士的一个家族。伯努利家族的原籍在比利时的安特卫普，1583 年，由于遭到天主教的迫害，被迫迁往德国的法兰克福，几经辗转，最后定居在瑞士的巴塞尔。自 13 世纪中叶开始，巴塞尔就是瑞士的文化与学术中心，欧洲最古老的著名的大学巴塞尔大学就坐落在那里。

在伯努利家族的众多子孙中，有近一半先后成了非常出色的人物。有人粗略地算过，他们的后裔中，至少有 120 人在数学、科学、技术、工程，以及法律、管理、文学、艺术等方面取得了不俗的成就，且拥有很高的声望。其中，最令人难以置信的是，仅仅从 17 世纪到 18 世纪短短的一百年时间，这个家族就出现了 8 名非常知名的数学家。在他们当中，并不是所有人都有意选择数学为职业，但是他们都享受数学带来的乐趣，并能忘情地沉溺于其中。所以有人笑称，他们就如同酒鬼遇到了烈酒。在这 8 位数学家当中，尤数雅各布第一·伯努利、约翰第一·伯努利、丹尼尔第一·伯努利三人的成就最大。

1654 年 12 月 27 日，雅各布第一出生于瑞士的巴塞尔。他在 1671年和 1676 年分别获得艺术硕士和神学硕士学位，但是他非常喜欢数学，并且自学了这门课程。1676 年，他先后到荷兰、英国、德国、法国等一些地方旅行，认识了一些著名的科学家，如莱布尼茨、惠更斯等，而且与莱布尼茨一直保持着通信往来，有时会探讨有关微积分的问题。1687 年，他回国后开始在巴塞尔大学任教，主要教授实验物理和数学，一直到去世。由于雅各布第一在数学方面做出了杰出的贡献，1699 年，他当选为法兰西科学院外籍院士；1701 年，又成为柏林科学院的会员。

雅各布第一在数学的好几个分支领域都取得了不俗的成就，如概率论、无穷级数求和、微分方程、变分方法、解析几何等，而且有些数学成果还是以他的名字命名的，例如"伯努利双纽线""伯努利微分方程""等周问题""伯努利数""伯努利大数定理"等。其中，他贡献最大的当数概率论了。1685 年，他发表了关于赌博游戏中输赢次数问题的论文，后来又写了一本关于这个问题的书，叫《猜度术》，但是这本书并没有马上出版，而是在他死后第 8 年，也就是 1713 年才得以出版。另外，他还深入研究了柔链、薄片、风帆等在自身重力作用下的形态。1694 年，他提出拉伸试验中伸长量和拉伸力的 m 次幂之间存在某种比例关系，其中 m 由实验确定。1729 年，C.D. 比尔芬格（1693—1750）根据雅各布 1687 年的实验数据，得出 m 为 3/2。1705 年，雅各布还研究了细杆在轴向力作用下的弹性曲线问题。

在雅各布的众多研究活动中，有一件事为人们所津津乐道，就是他痴心于研究对数螺线。他经过研究发现，无论对数螺线发生什么样的变化，结果依然是对数螺线。对此，他感到非常惊讶。在他去世之前，他特别嘱咐后人要将对数螺线刻在自己的墓碑上，并附上一句话，"纵然变化，依然故我"。

介绍完雅各布，我们再来说说约翰·伯努利。约翰 1667 年 8 月 6 日出生在巴塞尔，是雅各布的弟弟。起初他学的是医学，偶尔研习数学。1690 年，他获得了医学硕士学位，四年后，又获得博士学位，他的毕业论文是有关肌肉的收缩问题。但是他真正感兴趣的却是数学，并且特别喜欢钻研微积分。

1695 年，时年 28 岁的约翰获得人生中的第一个学术职位，即荷兰格罗宁根大学数学教授。1705 年，约翰获得了巴塞尔大学数学教授的职称。同他的哥哥雅各布一样，他也成了法兰西科学院外籍院士和柏林科学院会员，并且先后当选为英国皇家学会、意大利波伦亚科学院和俄国彼得堡科学院的外籍院士。

1691 年，约翰解出悬链线问题。1696 年，在《教师学报》中他提出六个问题，其中有一个问题难度极大，即"最速降线"问题，一时间引起了欧洲众多知名数学家的关注，这其中有洛必塔、莱布尼兹、牛顿、雅各布等。最后，是欧拉和拉格朗日给出了此类问题的一般解法，于是，又一个新的数学分支——变分法诞生了。

1696—1697 年，约翰和雅各布解决了"伯努利方程"，并且指出，经过代换后，该方程可简化为线性方程。约翰还研究了齐次微分方程与常系数方程的解法。1715 年，他提出了三维空间直角坐标系，并且认为用以三个坐标变量为元的三元方程可以表示空间曲面。

现在我们再来说说这个家族的第三位大数学家，也就是丹尼尔·伯努利，他是约翰的次子。丹尼尔 1700 年 2 月 8 日出生于荷兰的格罗宁根，1782 年 3 月 17 日去世。丹尼尔也是一位天才。起初，他也像父亲一样学医，后来受其家族的熏陶，转而研究数学。

1724 年，他在去威尼斯的旅途中发表了《数学练习》，引起学术界的关注，后被邀请到俄国圣彼得堡科学院工作。这一年，他用变量分离法解决了微分方程中的"里卡蒂"方程。在第二年，丹尼尔获得了彼得堡科学院数学教授的头衔，并被选为科学院的名誉院士，当时他才 25 岁。1733 年，他回到巴塞尔，开始教授解剖学、植物学以及自然哲学。

丹尼尔在多个方面都取得了重要成就，其贡献主要集中在微分方程、概率和数学物理，是数学物理方程的奠基人。可以说，能与之相媲美的只有大数学家欧拉了。

在丹尼尔身上发生过许多趣事，其中有一件事是这样的：有一次在旅途中，年轻的丹尼尔与一个风趣的陌生人闲聊，他谦逊地自我介绍说："我是丹尼尔·伯努利。"对方马上带着一脸的不屑，讥讽似地说："那我就是艾萨克·牛顿。"对丹尼尔来说，这或许是他有生以来得到过的最诚恳的赞颂，这使他一直到晚年都甚感欣慰。

丹尼尔作为伯努利家族博学多知的代表，不仅在数学上取得了很大成就，他在物理学上的成就也很大，主要是在流体力学上的贡献。如果说《数学练习》让他引起了人们的关注，那么《流体动力学》（1738年）让他攀上了科学之巅，他因此被人们称为"流体力学之父"。

其中，关于气体压强，丹尼尔是这么解释的：气体压强是分子与器壁碰撞产生的，如果保持温度不变，气体的压强一定与密度成正比，与体积成反比。再就是，压强和分子运动随温度增高而加强。这也成功地解释了玻意耳定律，从而使流体动力学与分子运动论、热学建立了联系。

丹尼尔在医学方面也获得了骄人的成就。最初，是父亲要求他学医的，但是他的大部分精力并没有用于医学研究，而是用在了数学上。即便如此，在医学方面他还是做出了不菲的成绩。1721年，他完成了自己的博士论文《植物的呼吸》，其中阐述了关于呼吸力学的综合理论。

1728年，当时为彼得堡科学院生理学院士和数学院士的丹尼尔，发表了关于肌肉收缩的力学理论的论文，在论文中，他给出了心脏所做机械功的计算方法。

伯努利家族在欧洲享有极高的威望，主要是因为他们成功地推广和传播了莱布尼兹的微积分，使其在欧洲得到快速发展，同时，他们还培养出了许多知名的学者，比如法国数学家洛必达、瑞士数学家克莱姆、被誉为"18世纪最伟大的数学家"的欧拉等都曾受教于约翰·伯努利。

通过上面对三位大数学家的介绍，我们可以肯定地说，伯努利家族绝对算得上数学圈的名门望族。除了以上三位大家，这个家族还出了不少为科学做出巨大贡献的人，可谓星光闪耀。由此我们可以得出结论，一个有着优良文化传统的家庭环境，更容易熏陶出优秀的孩子。

第六节　业余数学家之王——费尔玛

文艺复兴时期，出现了一大批天才的艺术家，从他们的身上我们可以看到，作为空间艺术的代表，绘画与几何学之间存在着密不可分的关系。比如古希腊数学家毕达哥拉斯以及他的弟子认为，代数或算术与音乐有着紧密的联系。同样，在微积分出现之前，在数学中只有几何学占据了重要地位，其核心自然是欧几里得几何。

过去，一些欧洲的数学家经常称自己为几何学家，如欧几里得就说过："在几何学中，没有王者之路。"在雅典柏拉图学园门口有一块牌子，上面写着："不懂几何的人请不要进入。"再如，帕斯卡尔在其《思想录》中甚至这样说："凡是几何学家，只要有足够的洞见力，就会是敏感的；而敏感的人如果能将自己的洞见力运用于几何学的原则上，他们也会成为几何学家。"

后来，笛卡儿建立了坐标系，并用代数方法研究几何学，作为附庸物的代数学的面貌因此有了改观。但是在那个时候，在研究代数学时，人们关注的焦点依然是如何解方程。与几何学一样，代数学的真正变革直到 19 世纪才出现。在这个领域，率先获得突破的当数数论了。数论专注于自然数或整数的性质，以及它们之间的相互关系，算得上是最古老的数学分支。数论的出现，要得益于一位默默无闻的业余爱好者的钻研与努力，这个人就是被誉为"业余数学家之王"的皮埃尔·德·费尔玛。

1601 年 8 月 17 日，皮埃尔·德·费尔玛在法国南部的博蒙德洛马格出生。他的父亲是波蒙特 - 洛门地区的一位执政官，同时还做一些皮货生意。他的母亲出身于法官世家。所以，父亲一心要让皮埃尔·德·费尔玛将来成为一位地方执政官。

由于家境富裕，父亲专门给皮埃尔·德·费尔玛请了两位家庭教师，在家中辅导他学习。小时候，费尔玛虽然算不上是神童，但也非常聪明。费尔玛的父亲从不宠爱孩子，所以费尔玛学习非常认真，文科、理科的成绩都不错，但是，费尔玛最喜欢的功课还是数学。即使成年以后，他依然喜欢钻研数学问题。

在他做律师期间，每天的大部分时间都在忙司法事务。但是每天晚上回来，或是假日休息时，他会一门心思地研究数学。所以他不怎么参加社交活动，几乎将所有的业余时间都奉献给了数学，而且完成了不少非常重要的发现，对数论问题特别感兴趣，大胆提出了许多命题或猜想。

但是，他所证明的完整结论不算多，许多时候他只给出结论，而没有进行详细的证明，是后来的数学家，如 18 世纪的法国数学家拉格朗日和瑞士数学家欧拉等证明了这些结论。欧拉在数十年的数学生涯中，认真思考了费尔玛提出的每一个数学问题，并都进行了深入细致的研究。

欧拉证明了不少费尔玛提出的命题，但是对费尔玛大定理却束手无策。在他之后的300多年间，这个定理困扰了无数数学家。然而，直至20世纪末，才由英国的数学家怀尔斯给出完整的证明，于是，这条消息连同费尔玛的肖像一同被刊登在了《纽约时报》的头版。当然，怀尔斯只是最终完成这个证明的数学家，在证明费尔玛大定理的过程中，还有许多数学家付出了自己的心血。

除了数论，费尔玛在其他方面也做出了重要的贡献。比如，在光学方面，有所谓的费尔玛原理，即在两个点之间，传播的光线所取路径所需的时间最少，不管这路径是直的还是弯的。所以费尔玛推导出一个结论——真空中光是沿着直线传播的。

在1629年之前，费尔玛就开始重写失传的《平面轨迹》一书，这本书是由公元前3世纪古希腊几何学家阿波罗尼奥斯所著，其中有关轨迹的一部分证明已经缺失。费尔玛在补充这部分时，运用了代数方法。与此同时，他还对古希腊几何学进行了系统的整理、总结。1630年，他撰写了论文《平面与立体轨迹引论》。但是这本书直到费尔玛去世14年后才出版。所以在1679年之前，鲜有人知晓费尔玛的工作，后来才知道他的工作是非常具有开创性的。

在《平面与立体轨迹引论》中，费尔玛提出："两个未知量决定的一个方程式，对应着一条轨迹，可以描绘出一条直线或曲线。"相较于勒内·笛卡儿发现解析几何的基本原理，他的这个发现在时间上要早7

年。同时，他还在这本书中阐述了一般直线和圆的方程，并对双曲线、椭圆、抛物线进行了论述。

费尔玛在 1643 年曾写过一封信，在那封信中，他谈及了柱面、椭圆抛物面、双叶双曲面和椭球面，而且提出："一个含有三个未知量的方程可以用来表示一个曲面。"

另外，费尔玛在微积分方面也取得了一定的成就。在 16、17 世纪，微积分是特别引人关注的一个数学领域。当时，数学界的所有人都知道是牛顿和莱布尼茨创立了微积分，而且也知道，在他们之前至少有十几位科学家为微积分的发明做了一些基础性的工作。在这十几位先驱者中，费尔玛便是其一。

其实，早在古希腊时期，许多哲学家就开始讨论偶然性与必然性及它们之间的关系，然而直到 15 世纪，才开始对它们进行数学描述和处理。16 世纪初，意大利数学家卡尔达诺等想通过研究骰子中的博弈规律，进而来研究赌金的划分问题。17 世纪，在研究过帕乔里的《摘要》之后，法国的帕斯卡尔和费尔玛建立了概率学的基础。

费尔玛发现，四次赌博的结果共有 16 种，除了四次赌博全部让对手获胜外，其余的只有一种情况，那就是第一个赌徒获胜。这个时候，费尔玛还并未使用"概率"一词，然而他算出了让第一个赌徒获胜的概率是 15/16。他的这个发现为概率的数学模型奠定了博弈基础。

在自己的著作中，费尔玛建立了概率论的基本原则，也就是数学期望的概念。这是从点的数学问题出发的：如果两个博弈者使用相同的技巧，已知他们在博弈中止时的得分，及在博弈中获胜所需要的分数，那该怎样合理划分赌金呢？费尔玛对下面的情况进行了分析：一个博弈者需要 4 分获胜，另一个博弈者需要 3 分获胜。这是费尔玛对这种特殊情况给出的解。不难看出，博弈不超过四次就可以分出输赢。

　　站在纯粹数学的视角看，有限概率空间毫无特别之处。但是，当引入随机变量和数学期望时，它们马上会变得非常神奇。这或许就是费尔玛的贡献所在。

　　费尔玛一生都没有接受过正规的数学教育，数学研究只是他的一个爱好。但是，他在数学方面却取得了巨大的成就：不但是解析几何、概率论的重要创始人，而且对微积分的创立做出了重要贡献，并独自支撑起 17 世纪的数论天地。当然了，他在物理学方面也取得了非凡的成绩。

第七节　精通数学的炮兵——拿破仑

众所周知，拿破仑·波拿巴是法兰西第一帝国的缔造者，也就是我们常说的拿破仑一世。1804 年 11 月 6 日，拿破仑将共和国改为帝国，正式当上了皇帝。

拿破仑不仅是 19 世纪法国著名的军事家、政治家，同时也是法兰西科学院数学部的一位院士，而且与当时的一些大数学家，如拉格朗日、傅里叶等经常有往来。拿破仑还和这些数学大师一起创立了巴黎高等师范学院，又重建了巴黎高等工程学院，极大地促进了法国数学的发展。

1797 年，28 岁的拿破仑通过竞选，当上了法兰西科学院数学部院士。对于自己当选院士，他非常自豪，所以在发布一些命令或是文告时，经常会在上面签上这个头衔。

拿破仑在位期间，多次强力镇压国内的敌对势力，并颁布了《拿破仑法典》，完善了法律体系，为维护西方资本主义国家的社会秩序奠定了基础。与此同时，他率领大军与英、普、奥、俄等国组成的反法联盟作战，先后取得了大大小小的胜利50多次，对欧洲各国的封建制度给予了沉重打击，并且捍卫了法国大革命的成果。

拿破仑不仅创造了一系列军政奇迹，还在很多领域取得了伟大的成就。在众多成就中，数学就是其中之一。

从17世纪到18世纪，相比于其他欧洲国家，法国很少有数学人才。18世纪末，拿破仑建立了一流的技术学校，并在学校集中了一批世界顶级的数学家。此后，法国的大学才开始出现一些优秀的数学人才。

当然了，要说拿破仑在数学方面的贡献，不是说他发现了多少新的数学定理，或是新的数学公式，而是他对法国科研体系和教育体制的建设、对数学人才的重视和培养。

拿破仑认为，教育才是培养数学人才的关键。从1802年到1808年，他陆续颁布了一系列法令，确立了新的高等教育模式，以便培养既有知识又善于实践的应用型人才。现在法国最好的两所大学：巴黎高等师范学校和巴黎综合理工大学，就是在那个时候创立的。

另外，他非常积极地推广像三角函数、微积分方程等先进的数学方法，比如，在军队中，他要求炮兵与海军工程师必须要具有相当高的数学才能。

拿破仑非常支持法国数学家们的工作，给予他们一些必要的帮助，与其中的一些人还成了朋友。从拉普拉斯到蒙日、傅里叶、拉格朗日、勒让德等人，都曾得到了拿破仑的赏识与器重。当然，他也非常注意保护人才，比如，在发生战争的时候，他会尽可能保护好科学家和学生。

1814 年，当反法联军步步进逼时，法国兵员出现严重短缺，于是有人提议：可以让理工学校的学生加入军队。拿破仑回答说："我可不想为取金蛋杀掉我的老母鸡。"后来，他说的这句话被刻在了这所学校的梯形大教室的天花板上。

可以说，拿破仑对法国的数学和科学体系的建立做出了巨大的贡献，为之后法国的数学处于全球领先地位奠定了基础。例如，今天被视为世界数学圣地，位于巴黎南郊伊薇特河畔比尔镇的法国高等科学研究院，其中的十位数学家中，便有七位获得了菲尔兹奖！这些科学家非常热爱数学。或许正因为发自内心地热爱数学，所以在获得菲尔兹奖的人数上，法国一直居于前列。

不管社会如何向前发展，都始终离不开千万优秀的数学家、科学家的贡献，当然，也离不开像拿破仑这样为数学的发展创造良好环境的卓越领导者。

第八节　"法国的牛顿"——拉普拉斯

皮埃尔·西蒙·拉普拉斯不但是伟大的数学家，也是卓越的天文学家，他于 1749 年 3 月 23 日出生在法国。他的父亲是一位农场主。早年在学校读书的时候，拉普拉斯就显出了在数学方面的天赋。

18 岁时（1767 年），他来到巴黎，开始从事数学方面的工作。成年后的拉普拉斯进入巴黎军事学院，并在那里教授数学。之后，他又到巴黎综合工科学校、高等师范学校任教。1799 年，他开始供职于政府部门，历任经度局局长和拿破仑时的内政部部长。1816 年，拉普拉斯当选法兰西科学院的院士。1827 年 3 月 5 日，在巴黎去世。

在研究天体运行的过程中，拉普拉斯发展并创新了很多种数学方法，比如，用他的名字命名的拉普拉斯变换、拉普拉斯定理以及拉普拉斯方程等，被运用于许多科学领域。

小时候，拉普拉斯的家庭很困难，因为有街坊邻居的接济，所以才有机会读书。他 16 岁时进入开恩大学,在校期间,他写了十篇有关有限差分的论文。从学校毕业后,他带着介绍信到巴黎去拜见声名显赫的达朗贝尔,结果推荐书投出去后,没有得到一丝回音,因为达朗贝尔对这个年轻人根本不感兴趣。拉普拉斯并没有失去信心,他又花时间撰写了一篇论文,是有关力学一般原理的,并让达朗贝尔过目。因为这篇论文写得非常出色,达朗贝尔看后立马给他回了一封信,并且说:"拉普拉斯先生,其实我之前压根儿就没有看你的那些推荐信;其实你不需要什么推荐。你已经很好地介绍了自己,这对我来说已经足够了。你理应得到支持。"

后来,经过达朗贝尔的推荐,拉普拉斯进入巴黎军事学院从事教学工作。从此,拉普拉斯在事业上开启了新的一页。

1773 年,他当选为法兰西科学院副院士。1783 年,任军事考试委员。1785 年,他主持了一个特殊的考试,考生只有一位,而且是一个 16 岁的孩子,这个考生就是大名鼎鼎的法兰西第一帝国皇帝拿破仑。就在这一年,他成了法兰西科学院的院士。后来在拿破仑当政后,拉普拉斯还被任命为内政部部长、元老议员,并加封了伯爵。

拉普拉斯才华盖世,写了许多著作。他研究的领域也很多,包括天体力学、概率论、微分方程、复变函数、势函数理论、代数、测地学、毛细现象理论等,而且也提出了自己独特的创见。他被认为是一位分析学的大师,他将分析学应用于力学,尤其是天体力学,并且获得了重要的成就。

拉普拉斯将大部分精力与时间用于对天体力学的研究。他认为,纵观整个太阳系，牛顿的万有引力定律都是适用的。1773 年，他破解了困扰很多人的一道难题：为什么木星的轨道一直在向内收缩，而与此同时，土星运行的轨道却在慢慢膨胀？拉普拉斯解答这个问题时，使用了数学方法，并证明了行星平均运动的恒定性，也就是行星的轨道只有周期性变化。

1784—1785 年，他得出一个结论：一个天体对其外部任意一个质点的引力分量，都可以表达为一个势函数，而且这个势函数是一种偏微分方程。这就是拉普拉斯方程，也叫位势方程。1787 年，他经过研究发现，月球的加速度与地球轨道的偏心率之间存在某种关系。

拉普拉斯先后一共发表了 200 多篇有关天文学、数学和物理学的论文，专著有 4006 页。在他的所有著作中，有三部产生了非常大的影响力，它们是《宇宙体系论》《概率分析理论》《天体力学》。

《宇宙体系论》是 1796 年出版的，这是一本有关宇宙的、浅显易懂的科普读物。他曾提出的太阳系生成的星云假说便收集在这本书的附录中。他的这一假说，在 1755 年康德曾提到过，当时，康德着重从哲学的角度进行思考，但是，拉普拉斯是从数学、力学的方面推导的，在丰富星云假说内容的同时，进行了更详细的论证。所以，这一假说也叫"康德 - 拉普拉斯星云假说"。

《概率分析理论》是 1812 年出版的。拉普拉斯不但介绍了概率论这 40 年来的进展，还介绍了自己在这方面的发现。他系统地整理了概率论的基本理论，并在这本书的引言中说了这样一句话："说到底，概率论只不过是将常识化为计算罢了。"《概率分析理论》包含了几何概率、伯努利定理和最小二乘法原理等。其中，比较著名的"拉普拉斯变换"就是在这本书中阐述的。1814年，拉普拉斯又出版了《概率的哲学探讨况》。由于他在概率论方面的杰出贡献，他被认为是概率论的重要奠基人之一。

拉普拉斯长时间研究大行星运动和月球运动。在借鉴、总结前人研究成果的基础上，先后出版了5卷16册巨著《天体力学》。在这本书中，拉普拉斯将牛顿、达朗贝尔、欧拉、拉格朗日等科学家的天文研究推向了巅峰。1814年，拉普拉斯做了一个科学的假设：如果有这么一个极其强大的智者，他可以清楚地知道宇宙中某一刻当中所有的物质，包括最轻的原子，那经过一定的科学运算，便能够测算出整个宇宙早前和未来的状态。后来，人们将其所假定的智者称为"拉普拉斯妖"。

在谈到写《天体力学》这本书的目的时，拉普拉斯说，是为了对太阳系引起的力学问题提供一个全面的解答。它借鉴了前人的研究成果，对天体运动进行了严谨的数学描述，并对位势理论进行了数学刻画。他在这方面的研究工作，对物理学、引力论、流体力学、电磁学，以及原子物理等的发展产生了非常大的影响。在这部《天体力学》中，他首次使用了"天体力学"这一叫法，这也让拉普拉斯赢得了"法国的牛顿"的美誉。

在民间，围绕《天体力学》流传着不少故事。据说有一次，拿破仑批评他说："拉普拉斯先生，有人认为在你的这本书中，从头到尾没有提及上帝是宇宙的创造者。"拉普拉斯诙谐地说："陛下，我没有必要做这个假设。"

哈密尔顿是英国的数学家。在他 17 岁的时候，有一次读过《天体力学》后，便写了一篇文章，在文章中纠正了《天体力学》中的一个错误，从那之后，他便开始了自己的数学生涯；格林则在读过《天体力学》后深受启发，于是将数学用于电磁学；美国天文学家鲍迪奇在翻译了《天体力学》之后，感慨地说："只要一遇到书中的'显而易见'，我便知道自己需要花数个小时冥思苦想，来填补这个空白。"

拉普拉斯对这个世界上发生的所有事情都喜欢一探究竟。比如，流体动力学、声音的传播和潮汐现象等，他都进行过研究。在化学领域，他撰写过一本有关液态物质的著作。另外，他也非常重视研究方法，在研究中酷爱使用归纳和类比，他曾经说："即使是在数学中，归纳和类比也是发现真理的主要工具。"

在政治上，拉普拉斯是一个机会主义者。法国大革命时期，政局长期动荡，他明哲保身，经常变换自己的角色，以赢得共和派与保皇派的信任，不论哪一派执政，他都被对方认为是一个坚定的支持者。所以不管政局如何动荡，也不管谁上台执政，他都可以获得一个体面的职位。为此，有人把他称为"假圣人布雷牧师"（英国文学作品中的一个人物）。

拿破仑在被流放期间曾说："拉普拉斯是一流的数学家，但现实很快就会证明他只是一个平庸的行政官员，……他将无穷小精神带进了政府之中。"

拉普拉斯还有一个缺点：不管是他的哪部作品，都不提及前辈和与自己同时代人的观点与成就，从而给人造成一种假象——提及的思想完全是自己得出的。比如，他在《天体力学》中悄无声息地从拉格朗日那里借用了位势的概念，而且广泛使用了这一概念，以至于从他那时起，位势论中的基本微分方程常被人称为拉普拉斯方程。在《概率分析理论》中，他也引用了别人的成果，但是没有提及相关的名字，而是将它们与自己的成果混杂在一起。所以，他的这些行为也遭到了后人的非议。

虽然拉普拉斯有这样的缺点，但是此起彼伏的政治动荡，包括拿破仑政权的兴起和衰落，都没有对他的科学研究造成太大的影响。

当然，拉普拉斯也有值得称道的一面，比如，他经常慷慨地帮助和鼓励年轻人。像化学家盖·吕萨克，旅行家和自然研究者洪堡尔晓，数学家泊松、柯西都曾得到他的资助和鼓励。他学识过人，学而不厌。在他的遗言中，有一句话是这样的："我们了解的是微小的，我们不清楚的是无限的。"并且他还说过："了解一位大家的研究方法，对于科学的进步，……并不比发现本身更少用处。科学研究的方法常常是极富兴趣的部分。"

有些人认为，拉普拉斯是个了不起的数学家，在政治上却是个小人，是根墙头草，所以被人瞧不起。虽然他曾参与了当时的政治，但他的才能，以及在数学方面的威望却保护了他，没有让他因为自己的政治态度而受到伤害。

第八章

现代数学

古代数学家由于认识有限，他们认为无限是神秘的、无法捉摸的东西，而没有研究它。到了近现代，数学家认为无限是神圣、崇高的东西，开始慢慢地对它展开了研究。

第一节　分析学的进化

不论是在数学领域，还是在艺术领域，19世纪上半叶，都是欧洲从古典进入现代的关键时期，而引领这一时代的，仍然是走在科学前沿的敏感的数学家和诗人。

其中，埃德加·爱伦·坡（Edgar Allan Poe）的出现，以及非欧几何学和非交换代数的接连问世，标志着延续了2000多年的古典时代的终结，那是一个以亚里士多德《诗学》和欧几里得《几何原本》为准则的时代。

然而，由于强大的历史惯性，分析时代的影响力仍然存在，而且经历了严格化和精细化的过程，但分析似乎没有如代数和几何那样，出现历史性的转折。

19世纪初期，微积分已成为数学领域一个非常庞大的分支，内容极其丰富，且在许多领域都得到了应用。与此同时，它的理论基础却显得越来越不严谨。为了解决新的问题，并清晰地阐述什么是微积分，数学家们展开了一项新的工作——使数学分析严谨化。在这项基础性的工作中，贡献最大的当数法国著名的数学家柯西了。

1789年8月21日，柯西在巴黎出生。他的父亲是一位律师，但是非常喜欢古典文学，并且与那时法国的大数学家拉格朗日、拉普拉斯有很好的私人关系。柯西在小的时候，就表现出了过人的数学才华，而且备受这两位数学家的赏识，他们都说，柯西将来一定会成大器。有一次，拉格朗日对柯西的父亲说："赶紧让柯西接受系统的文学教育，免得他的爱好将他引向歧途。"于是，父亲开始注重提升柯西的文学素养，柯西很聪明，在诗歌方面也表现出了过人的才华。

1807年，柯西进入一所工学院就读。1810年，他开始从事与交通道路相关的工作。后来，他听从了拉格朗日和拉普拉斯的建议，放弃了这份工作，开始潜心研究数学。在钻研数学的过程中，他取得了一项骄人的成就，即把极限概念引入微积分中，同时以极限为根基，建立起了逻辑性很强的分析体系。这对微积分的发展来说，具有划时代的意义。

随后，他又给出了用不等式描述极限的方法，这一方法经过魏尔斯特拉斯的优化，最终形成了如今的柯西极限定义。他借用中值定理，最先严格证明了微积分基本定理，使数学分析的基本概念得到严格的论述，从而使微积分成为现代数学中最基础的一门学科。

越来越多的数学家开始注意到数学分析严谨化工作的重要性。有一次，在一个学术研讨会上，柯西首次提出了级数收敛性理论。散会后，拉普拉斯匆匆赶回家，第一时间根据柯西提出的判别法，一个挨一个仔细检查《天体力学》中所用到的级数是否都已收敛。

柯西在数学方面取得了骄人的成就，而且撰写了不少著作，光论著就有 800 多篇。如今，他的名字以及与他有关的定理还经常出现在教材中。

透过柯西众多的论著和成果，我们可以想见，生活中的每一天，他都是怎样度过的，对待学习和工作，他又会持怎样的一种态度。

据说，柯西的性格有点复杂：他既是一个忠实的保王党人，又是一位热心的天主教徒，同时还是一位落落寡合的学者。作为家喻户晓的业界名流，他时常会忽视青年学者的创造。

1857 年 5 月 23 日，柯西在巴黎逝世。在临终前，他说了一句话："人终究是要死的，但是，他们的业绩永存。"

柯西死后，在数学分析方面法国后继无人。此时，德国的一位中学数学老师魏尔斯特拉斯出现了。魏尔斯特拉斯是欧洲知名的数学家，享有"现代分析之父"的美誉。

魏尔斯特拉斯的父亲是一位普通的海关职员，做事有些专断，且对家人非常严厉。14 岁时，魏尔斯特拉斯被送进一所天主教学校，在那里学习德语、希腊语和数学等课程。后来，他以非常优异的成绩毕业，这时，他已经表现出了过人的数学天赋。但是，父亲没有注意到魏尔斯特拉斯的这种天赋，又把他送到波恩大学去学习法律和商业，希望他以后做一名文官。

其实，魏尔斯特拉斯对商业和法律根本不感兴趣。在波恩大学期间，他把大部分精力都用在了数学上，并认真阅读了拉普拉斯的《天体力学》

等名著。除此之外，他还喜欢击剑。由于他身强体壮、身手敏捷，所以一度成为波恩人心中的击剑明星。大学毕业后，他回到故乡，连个硕士学位也没获得，更别说父亲期望的法律博士学位了。所以，父亲觉得他不学无术，经常骂他是一个"从躯壳到灵魂都患病的人"。

这时，在家人和一位朋友的劝说下，父亲将魏尔斯特拉斯送到明斯特，让他准备参加教师资格考试。1841年，他通过了教师资格考试。这一时期，数学老师居德曼注意到魏尔斯特拉斯的才能。居德曼在椭圆函数论方面很有建树，他的椭圆函数论对魏尔斯特拉斯产生了非常大的影响。在那次教师资格考试中，魏尔斯特拉斯写了一篇探讨椭圆函数的幂级数展开的论文。居德曼看过后，给出了很高的评价："从论文可以看出，你是一位不可多得的数学天才，只要不被埋没荒废，一定会对科学的进步做出贡献。"

当时，魏尔斯特拉斯并没有在意居德曼老师的评语，在取得教师资格后，开始了默默无闻的中学教师生活。在中学，他要教授多门课程，既有数学、物理，还有德文、地理，有时还要为学生们上体育与书法课，虽然工作很辛苦，但是薪水很微薄，甚至连支付科学通信的邮资都成了问题。但是，魏尔斯特拉斯并没有在意这些，他白天给学生上课，晚上研究阿贝尔等人的数学著作，还要抽时间撰写论文，有部分论文就发表在《教学简介》（当时德国中学发行的一种不定期刊物）上。对此，他的学生、数学家米塔·列夫勒说："几乎没人想到去中学的《教学简介》上寻找有划时代意义的数学论文。"当然，也没有人会想到，魏尔斯特拉斯在中学任教这段时间，所做的一些研究为他日后的数学创作奠定了基础。

在当老师这段时间，魏尔斯特拉斯一直默默无闻，他不但热爱教育事业，也非常爱自己的学生，所以，在他成为一位卓越的数学家后，先后培养出了一大批优秀的数学人才。例如，为了便于学生理解微积分中的极限概念，魏尔斯特拉斯对柯西等人给出的极限定义进行了重新阐述，提出了极限的 $\varepsilon\text{-}\delta$ 定义，并给出了一套比较完整的类似的表示法。

1853 年，魏尔斯特拉斯向《纯粹与应用数学杂志》寄了一篇论文，这篇论文是有关阿贝尔函数的。第二年该杂志发表了他的论文，一时间在数学界引起了轰动。1856 年，魏尔斯特拉斯进入柏林工业大学教授数学，随后又进入柏林科学院工作。

在数学史上，魏尔斯特拉斯在数学分析方面做出了巨大的贡献，所以被人们称为"现代分析之父"。他在分析学中引入了严谨的论证，是分析算术化运动的奠基人之一。这种严谨化的工作集中体现为，他创造了一套语言，并以此重建分析体系。之前他认为，"无限地趋近"等具有鲜明的运动学色彩，为了使表述更为精确，他用新的语言，重新对极限、连续、导数等概念进行了定义。

1872 年 7 月 18 日，在柏林科学院的一次演讲中，他举了一个连续却处处不可微的函数的例子，一时间引起了数学界的轰动！

希尔伯特对魏尔斯特拉斯的评价很高，他认为魏尔斯特拉斯用自己的批判精神和深邃的洞察力，为数学分析奠定了坚实的基础，也正是因为魏尔斯特拉斯在这方面做出的突出贡献，分析学达到了如此和谐可靠和完美的程度。

第二节　集合论的创始人——康托尔

格奥尔格·康托尔是德国数学家，也是集合论的创始人。1845 年 3 月 3 日，他出生于俄国圣彼得堡的一个商人家庭，父亲在丹麦经商，母亲出身于艺术世家。1856 年，在他 11 岁的时候，全家搬到了德国的法兰克福。

康托尔先是在一所中学读书，他非常有个性，爱好广泛，尤其喜欢数学方面的数论。1862 年，他进入苏黎世大学学习，第二年转入柏林大学攻读数学和神学，在那里，他成了库默尔、魏尔斯特拉斯的学生。

1866 年，他在哥廷根学习了一段时间。1867 年，他撰写了关于求解一般整系数不定方程问题的论文，并获得博士学位。毕业之后，受魏尔斯特拉斯的影响，他开始研究分析理论，很快就崭露头角。1869—1913 年，他在哈雷大学任教。1879 年，他成了该学校的教授。

后来，因为自己的一些学术观点经常受到他人的抨击，康托尔感到非常郁闷，并一度患上了精神分裂症。1887年，虽然病情有所好转，但是并没有就此摆脱精神问题的困扰，这种情况一直持续到他1918年在德国的一所精神病院去世。

康托尔从1870年开始研究三角级数，他的研究成果促成20世纪初集合论和超穷数理论的建立。

从2000年前开始，一些学者、数学家就接触到"无穷"，但是他们无法认识它，更无力把握它，直到康托尔以其独特的思维、丰富的想象，对它进行了一种新颖的描绘——集合论和超穷数理论。康托尔提出的这一理论，轰动了数学界，乃至哲学界，有人甚至说，"和数学相关的数不尽的变革几乎都是他独自完成的"。

在19世纪，分析的严格化和函数论得到了进一步的发展，在此基础上，数学家们开始研究无理数理论、不连续函数理论，相关的研究成果为康托尔接下来的研究工作奠定了思想基础。

1872年，康托尔的论文《三角级数中一个定理的推广》在《数学年鉴》上发表。随后，他又陆续在《数学年鉴》《数学杂志》上发表了很多篇文章。关于什么是"集合"，他给出的定义是：一些确定的、不相同的东西的总体即为集合。同时，他还指出：假如有一个集合，它与其中的一部分具有一一对应的关系，那么，它便是无穷的。后来，他又定义了什么是开集，什么是闭集，以及什么是完全集，并给出了"交"和"并"两种集合运算。

另外，他还引入了"可列"的概念，什么是可列集合？任何一个集合，只要能与正整数构成相互一一对应的关系，就称作可列集合。1874年，他证明了有理数集合是可列的。随后，他又证明了任何代数数（任何整系数多项式的复根）的全体构成的集合也是可列的。那实数集合是不是可列的呢？康托尔认为，实数集合是不可列的。但是由于代数数集合可列，所以康托尔就大胆做出判断：必然有超越数存在，且超越数"远远多于"代数数。

随后，康托尔又构建了一个著名的集合，即"康托尔集"，还给出了测度为零的不可数集的例子。他使直线上的点与平面上的点建立一一对应的关系，或者使直线与一个 n 维空间建立相似的对应。

一直以来，康托尔坚持的信条都是："在其自身的发展过程中，数学是完全自由的，对其概念的限制仅在于：一定得是无冲突的，并且与由确切定义引进的概念相协调。……数学的本质就在于它的自由。"

在 1879 到 1883 年这五年时间里，康托尔完成了 6 篇论文，它们属于同一个系列，康托尔给它们起了一个名字，叫作"论无穷线形点流形"，前面的 4 篇与早些时候的论文一样，都是着重探讨集合论的相关数学成果，以及集合论在分析中的应用。第五篇论文《一般集合论基础》是单本发行的，随后的第六篇是对其所做的补充。

除了集合论，在超穷数理论方面，康托尔也做出了非凡的贡献。

康托尔在其《一般集合论基础》引入了超穷数，在具体展开"超穷数"这一理论时，他使用了如下三个原则，分别为第一生成原则、第二生成原则和第三（限制）原则。

借鉴先前引入的集合的势的概念，康托尔认为，第一数类与第二数类最大的区别是：第二数类的势大于第一数类的势。康托尔在《一般集合论基础》中首次提出，第二数类的势紧随第一数类的势。

在康托尔的所有著作中，《对超穷数论基础的献文》是最后完成的。在该部作品中，他打算完整地概括超穷数理论严格的数学基础。《对超穷数论基础的献文》有两个部分，一是"全序集合的研究"，二是"良序集的研究"。

《对超穷数论基础的献文》的发表，是点集论向抽象集合论过渡的开始。然而，因为它并非公理化的，要是不对它的一些逻辑前提和证明方法进行适当限定的话，很可能会导出悖论。所以，康托尔提出的集合论也被称为古典集合论。

无论如何，康托尔创立的全新的集合论，具有划时代的意义，它是从古希腊以来，数学家们第一次给"无穷"建立起抽象的符号系统，以及清晰的运算法则。集合论紧紧抓住"无穷"的本质，使"无穷"的概念产生了历史性的变化，并逐渐使其融入众多的数学分支中，从而彻底改造了数学的结构，使诸多新的数学分支得以建立，并演变为实变函数论、代数拓扑、群论和泛函分析等理论的基础。另外，它也对现在的哲学和逻辑产生了重要的影响。

第三节　大卫·希尔伯特：20世纪数学推动者

　　大卫·希尔伯特是德国著名的数学家，被誉为"数学界的无冕之王"。在19世纪末20世纪初的数学界，他领导的数学学派是一面伟大的旗帜，他个人被看作天才中的天才。他的代表作品有《希尔伯特全集》《几何基础》《线性积分方程一般理论基础》等专著，另外，他还和别人一起写过数学方面的书，有《数学物理方法》《理论逻辑基础》《直观几何学》《数学基础》等。

　　希尔伯特的出生地是东普鲁士哥尼斯堡附近的韦劳，上中学时他就是一个踏实努力的好学生，对科学尤其是数学产生了非常浓厚的兴趣，他不仅能够灵活和深刻地掌握老师授课的内容，而且可以将它们应用于实践之中。

　　1880年，希尔伯特进入哥尼斯堡大学攻读数学，而不是遵从父亲的意愿去学法律。

1884 年，希尔伯特获得博士学位，然后留在哥尼斯堡大学教授数学，后来又升职成了副教授。在大学期间，他和拿下数学大奖的著名数学家闵可夫斯基成为了好朋友，两个人一起研究和探讨数学课题。希尔伯特勤奋刻苦，最终在成绩上超越了闵可夫斯基。

1893 年，希尔伯特获得教授职称。1895 年，希尔伯特转入哥廷根大学任教，从此之后就在数学之乡哥廷根定居下来。他培养出了一批杰出的数学家，他和他的这些数学家学生共同为现代数学发展做出了巨大的贡献。在他的领导下，哥廷根大学成为当时世界数学研究的重要中心，著名的哥廷根学派也在世界数学史上留下了浓墨重彩的一笔。

作为一名著名的科学家，希尔伯特的正派耿直也为人称道。第一次世界大战爆发之前，德国政府为了蒙蔽众人的眼睛，计划发表《告文明世界书》，希尔伯特知道这是一种欺骗宣传，因此拒绝在上面签字。战争期间，他不顾政治家们的反对，公开发表悼念"敌人的数学家"达布的文章。希特勒掌控大权之后，他坚决抵制纳粹政府排斥和迫害犹太科学家的政策，同时还积极上书表达反对的态度。由于纳粹政府的反动活动越发猖獗，很多犹太科学家只能选择移居外国，其中的大部分科学家都流亡到了美国。就这样，盛极一时的哥廷根学派不得不面对衰落的结局。让人庆幸的是，世界范围内的数学研究并没有因为纳粹政府的出现而受到太多影响，这是因为大量的犹太数学家在受到迫害之前就已经涌入美国，在这种情况下，当时的世界数学中心转移到了美国。

希尔伯特的成就对 20 世纪的数学发展产生了较大的影响。按照希尔伯特的数学工作内容，可以将他的研究划分为几个不同的时期。在每个不同的时期中，他几乎都将所有精力集中于某一类问题。按照时间排序，他主要研究的课题有：代数数域理论、几何基础、物理学、一般数学基础等。在研究这些课题的过程中，同时也穿插着研究了其他一些课题，比如狄利克雷原理、华林问题、特征值问题和"希尔伯特空间"等。在每一个领域中，他的研究都颇有成果，为该领域的发展和延伸做出了重要的贡献。在希尔伯特看来，不管是在哪个时代，科学都有在那个时代的问题，只有解决了这些问题，才能保证科学的可持续发展。他说："只要一门科学分支的研究者能够发现数量庞大的问题，它就具有充沛的生命力，而无法发现问题则说明它的独立发展将会衰亡和终止。"

在研究的过程中，希尔伯特具有强烈的公理化思想，这一点从他的代表作《几何基础》中就可见一斑。在书中，希尔伯特整理了欧几里得几何学，将它变成建立在一组简单公理基础上的纯粹演绎系统，并开始尝试对公理之间的相互关系和整个演绎系统的逻辑结构进行研究和探讨。

1900年8月8日，第二届国际数学家大会在法国首都巴黎隆重召开，许多国际著名的数学家与会。在这次大会上，希尔伯特发表了一场备受关注的演讲，名为《数学问题》。他根据过往尤其是19世纪数学界的研究成果和发展趋势，提出了数学家们应该在新世纪努力解决的23个数学问题，这23个问题被统称为"希尔伯特问题"，它被看作20世纪数学的巅峰。他在演讲中表现出解决这些问题的信心，这让在场的人都备受鼓舞。他说："在我们中间，常常听到这样的呼声：这里有一个数学问题，去找出它的答案！你能通过纯思维找到它，因为在数学中没有不可知。"

"希尔伯特问题"受到世界各国的数学家的重视，引发了巨大的研究浪潮。虽然其中的一些问题仍未解决，但数学家们通过研究这些问题，有效促进了20世纪数学的发展，给整个世界带来了深远的影响。

从1904年开始，希尔伯特开始专注于数学基础问题的研究和整理，经过10多年的不懈努力，他终于成功提出了一个有效方案，用来论证数论、集合论或数学分析的一致性。只不过在1930年，年轻的奥地利数理逻辑学家哥德尔经过研究发现，希尔伯特的这个方案是无法成为现实的。但无论如何，就像哥德尔说的那样，希尔伯特有关数学基础的设想"仍具有其独特的重要性，并持续引发人们对它的浓厚兴趣"。

1930年，希尔伯特获得了"哥尼斯堡荣誉市民"称号，在受封仪式过程中他发表了演讲，针对某些人信奉的不可知论观点，他又一次信心十足地宣称："我们必须知道，我们必将知道。"希尔伯特与世长辞之后，这句话就刻在了他的墓碑上。

第四节　20 世纪最后一位全才——庞加莱

亨利·庞加莱是法国著名的数学家、天体力学家、数学物理学家、科学哲学家，被公认为 19 世纪的后 25 年和 20 世纪初的领袖数学家。他在数论、代数学、几何学、拓扑学、天体力学、数学物理、科学哲学等很多领域都有研究，而且在这些领域都取得了一定的成就。

1854 年 4 月 29 日，亨利·庞加莱出生于法国的南锡。在法国，他父亲的家庭和他母亲的家庭都是比较显赫的，几代人都一直生活在法国东部的洛林。

在很小的时候，庞加莱就展现出超人的智力。这主要得益于他遗传了父母的良好基因，而父亲的超高智商，则来自他的祖父。他的祖父是一名医生，曾在圣康坦部队医院工作。1817 年，他的祖父在鲁昂定居下来，之后共养育两个儿子，大儿子莱昂·庞加莱就是庞加莱的父亲。

庞加莱的父亲继承父业，也成了一名医生。他在南锡大学医学院担任教授一职，并在当地颇有名气。庞加莱的母亲是一位心地善良、才华横溢、知书达理的女性，全部心血都用来照顾和教育自己的孩子。

在童年时期，庞加莱接受的教育大部分都来自自己的母亲。借助超高的智商，他不仅能快速接受和消化知识，连成熟度和口才都比同年龄的孩子更具优势。然而，不幸的事情突然降临：5岁时，他染上了白喉病，得病9个月之后，他的喉头坏了，这让他无法顺畅地用语言来表达自己的想法，而且在这之后他就成了一位孱弱多病的人。即便身体情况不佳，庞加莱依然乐于玩耍游戏，对跳舞情有独钟。当然，那些剧烈的运动他是不能参加的。

庞加莱非常喜欢读书，不仅读书的速度异于常人，对读过的内容也能快速、精准、持久地记忆。令人难以置信的是，他可以细致地说出书中的某件事是在第几页第几行中描述的。庞加莱对博物学也曾有过特殊的兴趣，据说，《大洪水前的地球》这本书给他留下了刻骨铭心的印象。他对自然史抱有非常浓厚的兴趣，历史、地理的成绩也都非常优异。在儿童时代，他就早早显露出自己超出常人的文学才华，他写的一些作文被老师赞誉为"杰作"。

1862年，庞加莱进入南锡中学学习。刚刚进入学校时，他的各科成绩都很优异，但他并没有对数学表现出特殊的兴趣。直到15岁左右时，他才开始对数学产生浓厚的兴趣，并很快就在这方面表现出自己的独特才能。在这之后，他便开始边散步边思考数学难题。这个习惯，他保持了一生。

1870年，普法战争爆发。这迫使庞加莱暂时中断了自己的学业。法国战败之后，很多城市被德军占领并被洗劫一空。为了对时局有更深刻的了解，他很快就学会了德文。目睹德军的暴行之后，他变成了一个充满热情的爱国者。

1871 年，庞加莱的学业得以继续，他表现出更强烈的求学欲望。

1872 年，庞加莱先后两次在法国公立中学生参加的数学竞赛中斩获头等奖，这为他带来了巨大的声誉。

1873 年，庞加莱以第一名的成绩被高等工科学校顺利录取。在高等工科学校学习期间，庞加莱非常刻苦。1878 年毕业后，庞加莱又进入国立高等矿业学校工程专业学习，为做一名工程师做好准备。但是，他在这方面没有足够的勇气，而且不符合他的兴趣。

1879 年 8 月 1 日，庞加莱获得博士学位，博士论文的主题是关于微分方程的。之后，他便到卡昂大学理学院担任讲师。

1881 年，庞加莱到巴黎大学担任教授，一直到他辞世。在这里，他讲授的课程有数学分析、流体平衡、天文学、光学、电学、电学中的数学、热力学等。

庞加莱涉足的领域十分广泛，但他最重要的贡献是在函数论方面。在他早期的研究工作中，最主要的是创立自守函数理论。他将富克斯群和克莱因群融入自己的研究，构造出一个更一般的基本域。他运用一种独特的级数构造出自守函数，由此推演出该函数作为代数函数的单值化函数的作用。后来，这种级数被以庞加莱的名字命名。

1881—1886 年，行星轨道和卫星轨道的稳定性问题成为庞加莱研究的主要课题，他先后发表了 4 篇论文，主要内容都与微分方程所确定的积分曲线有关，并由此开创了微分方程的定性理论。随后，他又深入研究了微分方程的解在 4 种类型的奇点（焦点、鞍点、结点、中心）附近的性态。他认为要想知道解的稳定性怎么样，可以根据解对极限环（一种由他计算出的特殊的封闭曲线）的关系来进行判定。

1885 年，瑞典国王奥斯卡二世为"n 体问题"设立了一个奖项，这促使庞加莱对天体力学产生了浓厚的兴趣。他写了一篇论文，主要内容就是当三体中的两个的质量比另一个小得多时的三体问题的周期解，因为这篇论文，他获得了最终的大奖。在这之后，他对天体力学展开了更加认真的研究，借助渐进展开的方法，得到了严格而准确的天体力学计算技术。

庞加莱率先对动力系统理论展开研究，于 1895 年完成了对"庞加莱回归定理"的证明。在天体力学领域，他取得的另一个重要成就是：在引力作用下，转动流体的形状除了已知的旋转椭球体、不等轴椭球体和环状体外，还有三种庞加莱梨形体存在。

不仅如此，在数学物理和偏微分方程领域，庞加莱同样做出了重要贡献。为了证明狄利克雷问题解的存在性，他采用了括去法，这一方法对位势论的新发展产生了一定的促进作用。对于拉普拉斯算子的特征值问题，庞加莱进行了认真的研究，并给出了特征值和特征函数存在性的严格证明。在积分方程中，他引进了复参数方法，对弗雷德霍姆理论的发展起到了促进作用。

庞加莱最先创立了组合拓扑学，这一成就对现代数学的发展产生了难以超越的影响。1892 年，他首次发表相关论文。1895—1904 年，庞加莱先后发表了6篇论文，组合拓扑学由此正式创立起来。而且，他将贝蒂数、挠系数和基本群等十分重要的数学概念引入进来，创造出一系列数学工具，如流形的三角剖分、单纯复合形、重心重分、对偶复合形、复合形的关联系数矩阵等，并借用这些工具将欧拉多面体定理推广为欧拉 - 庞加莱公式，并给出了流形的同调对偶定理的证明。

另外，庞加莱还提出过一个著名的猜想，叫作"庞加莱猜想"。

庞加莱在数论和代数学领域虽然没做多少工作，但是其成果都有一定的影响。

1. 在《有理数域上的代数几何学》这本书中，他率先提出了对丢番图方程的有理解的研究。

2. 他为曲线的秩数下了定义，使得丢番图几何将它视作重要的研究对象。

3. 在代数学中，他引入群代数的概念，并给出了其分解定理的证明。

4. 他首次将左理想和右理想的概念引入代数，促进了代数学的发展。

5. 他给出了李代数第三基本定理及坎贝尔 - 豪斯多夫公式的证明。

6. 他将李代数的包络代数引入理论，并对其基进行描述，给出了庞加莱 - 伯克霍夫 - 维特定理的证明。

庞加莱对经典物理学曾进行过深入而广泛的研究，对狭义相对论的创立做出了一定的贡献。

1897 年，庞加莱发表了一篇名为《空间的相对性》的文章，其中已经可以看到狭义相对论的影子。

1898 年，庞加莱发表了另一篇重要的文章，他在这篇名为《时间的测量》的文章中提出了光速不变性的假设。

1899 年，庞加莱开始对电子理论展开研究，并率先认识到洛伦兹变换构成群。

1902 年，庞加莱对相对性原理进行了细致阐述。

1905 年 6 月，庞加莱发表了名为《论电子动力学》的论文。

1907 年，庞加莱对他在 1883 年提出的一般的单值化定理进行了完全的证明。而与他同样做到这一点的还有克贝。同年，他更进一步，对一般解析函数论展开研究，内容主要是对整函数的亏格及其与泰勒展开的系数或函数绝对值的增长率之间的关系的研究。这一研究成果，和皮卡定理一起为之后整函数及亚纯函数理论的发展奠定了坚实的基础。

在哲学方面，庞加莱也有一定的建树。他的哲学著作有《科学与假设》《科学的价值》《科学与方法》等，都对哲学的发展起到了推动作用。庞加莱信奉约定主义科学哲学，身为其代表人物，庞加莱的主要观点是：科学公理是方便的定义或约定，能在所有可能的约定中做出选择，但是要以实验事实为依据，避免所有可能出现的矛盾。在数学领域，对于一些问题的看法，庞加莱和罗素、希尔伯特等人的观点完全不一样。他对无穷集合的概念并不认同，而对潜在的无穷表示认可，认为自然数才是数学最基本的直观概念，不同意将自然数归结为集合论。他的这些观点，令他成为直觉主义的先驱者之一。

1912 年 7 月 17 日，庞加莱在法国巴黎与世长辞。某些人认为，他是最后一个对数学知识及其应用都能全面掌握的人。庞加莱在数学领域进行的研究及取得的成果，给 20 世纪和当代数学都带来了极为深远的影响，产生了巨大的推动作用。他在天体力学领域取得的令人瞩目的成就，是牛顿之后的又一座里程碑。他在电子理论研究领域获得的巨大成就，让他备受尊崇，被誉为"相对论的理论先驱"。

第五节　代数几何皇帝——格罗滕迪克

亚历山大·格罗滕迪克为现代代数几何做了奠基性工作，被人们认为是 20 世纪最伟大的数学家。

1928 年 3 月 28 日，格罗滕迪克出生于德国柏林的一个无政府主义家庭。在 1933 年之前，格罗滕迪克都和父母一起居住在柏林。

1933 年年底，格罗滕迪克的父亲为了免遭纳粹的迫害而远赴巴黎。第二年，格罗滕迪克的母亲也追随父亲去了巴黎。格罗滕迪克被留在柏林继续学业。在这期间，格罗滕迪克父母参加了西班牙内战。

战争结束之后，格罗滕迪克也来到法国，和母亲居住在蒙彼利埃附近。由于亚历山大·格罗滕迪克有助学金，他们的生活基本还算稳定。格罗滕迪克潜心学习数学，先后跟随布尔巴基学派的分析大师让·亚历山大·欧仁·迪厄多内和著名的泛函分析大师洛朗·施瓦茨学习。20多岁的时候，他就已经是当时掀起研究热潮的拓扑向量空间理论的权威人物了。

从 1957 年开始，格罗滕迪克将主要研究目标调整为代数几何和同调代数。从笛卡儿发明解析几何开始算的话，代数几何这门学科已经有将近 400 年的历史。20 世纪 30 年代，查瑞斯基和范·德·瓦尔登将交换代数引入了代数几何。20 世纪 40 年代中期，韦伊完全在抽象代数的基础上建立起代数几何，并提出了著名的韦伊猜想。在这之后，小平邦彦、塞尔等人也都为这门学科的发展做出过意义重大的贡献。而到了二十世纪五六十年代，格罗滕迪克对代数几何几乎做出了颠覆性的革命，他先后发表了十几本巨著，建立起一套属于自己的宏大而完整的"概型理论"。格罗滕迪克所取得的这一系列成就，可以称得上代数几何的巅峰，他的著作被誉为"格罗滕迪克圣经"。

1959 年，格罗滕迪克当了法国高等科学研究所的主席，当时法国高等科学研究所刚刚成立。通过辛勤的工作，他把勒雷、让·皮埃尔·塞尔等人的代数几何的同调方法和层论推到了一个崭新的高度。他创立的概型理论，为现代代数几何的发展奠定了坚实的基础，帮助数学家们取得了一个又一个令人瞠目的成就。

格罗滕迪克在代数几何领域的工作大多都是具有开创性的，使这个古老的数学分支重新焕发了生机，并最终促使皮埃尔·德利涅完全证明了韦伊猜想，这一成就被认为是 20 世纪纯粹数学最重大的成就之一。在格罗滕迪克当主席的那段时期，法国高等科学研究所是人们公认的世界代数几何研究中心，格罗滕迪克也因此获得了 1966 年国际数学最高奖——菲尔兹奖。

可能是因为少年时有战事的经历，所以格罗滕迪克是一个彻底的无政府主义者及和平主义者。每当有人向他请教数学问题，他在给人解答的同时，也会宣传自己的政治理念。20世纪60年代，格罗滕迪克受聘成为法国高等科学研究所的教授。随着工作的进行，格罗滕迪克慢慢失望地发现很多数学结论都被运用在军事方面，比如他研究的代数几何就被用来编制密码，而且大部分数学研究都直接或间接地得到军方的支持，这显然和他的和平理想背道而驰。于是在1970年，年仅42岁且正值研究顶峰的他便永久地离开了他喜爱的数学事业，也离开了法国高等科学研究所。后来，他到蒙彼利埃大学任教，一直工作到60岁退休。

1988年，瑞典皇家科学院曾提出向格罗滕迪克颁发克拉福德奖和25万美元的奖金，但格罗滕迪克出人意料地谢绝了。他给出的理由是应该把这些钱花在更有潜力和能力的年轻数学家身上。

格罗滕迪克是数学界公认的现代最伟大和最有影响力的数学家之一，他创立的现代代数几何体系，不仅博大精深，而且产生了非常深远广泛的影响，几乎在每个核心数学分支中，都能看到它的影子。

第六节　哈密尔顿发现了四元数

1843 年 10 月 16 日，对于数学界来说，这是一个非常重要的日子。因为在这一天，爱尔兰数学家哈密尔顿发现了"四元数"。

在许多数学家看来，19 世纪纯粹数学方面的发现中，"四元数"绝对是非常重要的一个。为了纪念哈密尔顿的这一发现，爱尔兰政府在 1943 年 11 月 15 日专门发行了纪念哈密尔顿的邮票。

1805 年 8 月 3 日，哈密尔顿在爱尔兰都柏林出生了。他的父亲是一名律师，同时是一名热诚的教徒和很有头脑的生意人。哈密尔顿兄弟姐妹共有九人，他排行第五。

在很小的时候，哈密尔顿就表现出比一般孩子更加聪明的劲头。爱尔兰语和英语并不完全一样，两者之间有一些不同之处，然而，哈密尔顿年仅 3 岁的时候就能阅读英文书了。哈密尔顿 4 岁时对地理产生了浓厚的兴趣，而且算术已经做得很好。5 岁时，哈密尔顿就能阅读和翻译拉丁文、希腊文和希伯来文，尤其喜欢荷马用希腊文写的史诗。哈密尔顿8岁时就能说一口流利的意大利语和法语，在描写爱尔兰的锦绣河山时，他甚至可以熟练地运用拉丁文。还没到10岁，哈密尔顿就已经开始学习阿拉伯文和梵文了。哈密尔顿14岁那年，都柏林迎来了一位波斯大使，哈密尔顿已经能用波斯文写出一篇热情洋溢的欢迎词了。

不得不说，哈密尔顿是难得一见的语言天才。开发他这种天赋的人，是他身为副牧师的叔叔，这个叔叔懂得很多欧洲语言、方言以及近东的语言，这为哈密尔顿学习语言提供了便利条件。

说起来也许很难让人相信，但是哈密尔顿在上大学之前从来没有进过学校学习，他掌握的那些知识，完全靠父亲、叔叔的传授，以及自学。

哈密尔顿找到一本法国数学家克莱罗写的《代数基础》，读完之后，他只用了很短的时间就学会了代数，在这之后，他就开始认真阅读牛顿写的《自然哲学的数学原理》。哈密尔顿16岁的时候，法国著名数学家和天文学家拉普拉斯创作的五册《天体力学》成为他的新兴趣，阅读之后，他竟然从中发现了一个错误——拉普拉斯关于力的平行四边形法则的证明有误。

一个年仅16岁的少年，竟然能指出拉普拉斯的错误，这让人难以置信。要知道，拉普拉斯可是当时欧洲公认的大数学家。因为这一发现，都柏林的天文学教授宾克雷对哈密尔顿不得不刮目相看。

除了阅读理论书籍，哈密尔顿还有一个爱好——用自制远望镜观察天象。1823年5月31日，他曾给自己的表兄写过一封信，其中有一段文字是："在光学上我有一个奇怪的发现——在我看来是这样的……"

在这段时期，哈密尔顿对曲线和曲面的性质产生了浓厚的兴趣，并时常写些短文。1823 年 7 月 7 日，哈密尔顿以优异的成绩考进"三一学院"。在大学期间，他拿下了各种奖项，古典文学和数学的成绩尤其优异。大学时的优异表现，让他声名大噪，受到更多的关注。

更让人吃惊的是，哈密尔顿将他在光学方面的发现形成了文字——《光束理论》。在这篇文章中，哈密尔顿提出了特征方程，将几何光学转化为数学问题，并提出了一个统一方案来解决这门学科中遇到的问题。这篇文章也是他创作的论文中的第一部分，令人印象深刻。

很快，宾克雷教授就把哈密尔顿的论文呈送到爱尔兰皇家科学院，并说："我不会说他将是同龄人中的第一流数学家，而是他已经是同龄人中第一流的数学家！"

没想到，经过六个月的审核之后，科学院的委员会却说："……这篇论文过于抽象，公式也很一般，他给出的一些结论必须要经过更加深入的验证……"对哈密尔顿来说，这种评价让他非常失望。

在那个年代，审稿委员会的成员还没有足够的知识去发现这篇论文对科学发展的重要意义。历史跨过漫长的 100 年之后，近代物理才蓬勃发展起来，人们在对原子结构及量子力学展开深入研究的时候，才猛然间发现，运用哈密尔顿的方法，完全可以解决其中的波动力学问题。

利用自己发现的四元数，哈密尔顿做了一系列的重要工作：

1. 他开始深入研究刚体运动；

2. 他跟踪记录月球的运动轨迹，并发现其运动规律；

3. 他研究彗星与行星及地球之间的距离，得出一些计算结果；

4.他开始研究光通过双轴结晶体之后产生的波面。

哈密尔顿发现的四元数，看起来像是一个十分抽象的概念，但是爱因斯坦在他的相对论中已经加以应用。

从本质上讲，哈密尔顿的结论与 17 世纪法国数学家费尔玛的原理（光通常取最短的时间从一点运动到另外一点，无论这条路线是直线或是因折射或反射而成为曲线）是相似的，他只是对这一原理进行了适当的转换。哈密尔顿将时间当作终点的函数，并且充分证明了这个量会随着终点坐标的改变而改变。

对于哈密尔顿来说，利用这种特征方程，就是在光学研究中引入数学工具，这一点，倒是与笛卡儿用代数工具来解决几何问题颇有异曲同工之妙。

第七节　计算机之父——冯·诺依曼

现在，我们几乎每天都会用到计算机，它给我们的学习、工作带来了极大的便利,那么现代计算机是谁发明的？冯·诺依曼被人们称为"计算机之父"。

冯·诺依曼不但是一位发明家，也是一位数学家、化学家，而且还是博弈论的创始人之一。在他短暂的一生中，在电子计算机、博弈论、代数、集合论、量子理论等许多领域取得了不俗的成就，甚至被认为是这些领域里的开山鼻祖。尤其是他发明的计算机，让人类进入了电子计算机时代，具有里程碑式的意义。

当然了，要想发明计算机，就必须具有渊博的数学知识。下面就让我们来着重了解一下冯·诺依曼的故事吧。

1903 年 12 月 28 日，冯·诺依曼出生于匈牙利的布达佩斯，他的父亲麦克斯是一位犹太人，非常勤劳，而且也很会做生意。小时候,冯·诺依曼就非常聪明，且记忆力要远超同龄孩子。他 6 岁时就能做八位数除法，8 岁时便掌握了微积分，在 10 岁时，他用几个月的时间通读了一部四十八卷的世界史，12 岁时，他便阅读了波莱尔的《函数论》，而且能理解其中的要义。所以说，他有极高的数学天赋，是名副其实的小神童。

1914 年 6 月，冯·诺依曼进入大学预科班学习。可是就在这一年的 7 月，第一次世界大战爆发了，冯·诺依曼一家人被迫离开匈牙利。冯·诺依曼的学业因此受到影响，虽然如此，但是他的毕业考试成绩仍名列前茅。

1921 年，冯·诺依曼在人们眼中就已经是一个小有名气的数学家了。他的第一篇论文是和他人合写的，当时他还不满 18 岁。他的父亲麦克斯考虑到家庭经济，想说服 17 岁的冯·诺依曼放弃数学，后来父子二人达成协议，于是，冯·诺依曼选择攻读化学。

1923 年，冯·诺依曼开始在瑞士苏黎世联邦工业大学就读，攻读的专业是化学。在这段时间里，他常常利用业余时间研读数学，并与一些数学家探讨问题。受德国数学家希尔伯特的影响，他开始研究数理逻辑。在他从学校毕业后，在数学、物理、化学三个领域的某些方面已经走到了很多人的前面。尤其是在纯粹数学与应用数学方面，冯·诺依曼都做出了重要的贡献。

起初，冯·诺依曼将主要精力用来研究纯粹数学。比如，在数理逻辑方面，他给出了非常简单，也很清晰的序数理论，对集合论进行了新的公理化，而且对集合与类做了非常明确的区分。随后，他又对希尔伯特空间上线性自伴算子谱理论进行了系统的研究，这也为日后量子力学的发展打下了数学方面的基础。在 1930 年，他开始着手证明平均遍历定理，他的相关研究使遍历理论拓展出了一个全新的领域。当然，冯·诺依曼在纯粹数学领域的研究远不止这些，比如，他在测度论、格论和连续几何学等方面也取得了不少研究成果。特别是在 1936—1943 年这段时间，他与默里共同创立了算子环理论，也就是数学家们常提到的冯·诺伊曼代数。

如果说在 1940 年以前，冯·诺伊曼只专注于研究纯粹数学，那在这之后，他的研究重点开始转向应用数学。不可否认，在纯粹数学领域他取得了不俗的成就，享有极高的威望，同时，他在力学、经济学、数值分析，特别是在电子计算机方面也取得了骄人的成就，着实是一个通才。

在第二次世界大战期间，美国政府为了研究、发展更新更先进的军事装备，组织一批专家对可压缩气体运动进行研究，冯·诺伊曼便是其中一员。在研究过程中，他创立了冲击波基本理论以及湍流理论，极大地促进了流体力学的发展。1942 年，他与摩根斯坦共同撰写了《博弈论和经济行为》一书，从而奠定了他在数理经济学方面的地位。《博弈论和经济行为》使用了纯粹的数学方法与技巧来研究问题的本质。直到现在，它依然是博弈论中的经典之作。

1943 年，受"原子弹之父"罗伯特·奥本海默的邀请，冯·诺依曼参加了美国的"曼哈顿计划"，这个计划的核心就是研制原子弹。这项研制工作会涉及非常复杂、庞大的计算，这也为冯·诺伊曼数学才能的发挥提供了舞台。

例如，在对原子核的反应过程进行研究时，必须要对一个反应的传播做出应答，即要回答"YES"或"NO"。这看似简单，但要解决好这个问题，通常要进行数以十几亿次的数学计算和逻辑指令，即使最后得出的数据未必精确，但整个运算过程一点也不能少，而且要力求做到准确。为了解决好这个问题，冯·诺伊曼所在的洛斯阿拉莫斯国家实验室聘请了一百多名女计算员，这些计算员使用台式计算机，每天从早算到晚，即使工作量如此之大，还是无法满足需求。

一个偶然的机会，使被海量计算所困扰的冯·诺伊曼得知了 ENIAC 计算机的研制计划。从那之后，他便全身心地投入计算机研制计划中，并于 1946 年 2 月 14 日成功研制出世界上第一台计算机 ENIAC（电子数字积分计算机）。

这台计算机是美国宾夕法尼亚大学研制成功的，它的中文名叫"埃尼阿克"，是真正意义上的现代计算机。但是，它身躯庞大，重 28 吨，使用了 17840 个电子管，是我们现在所使用的计算机不可比拟的。虽然它的块头非常之大，但是每秒只能做 5000 次的加法运算，与现在的计算机不可相提并论，然而在当时，却是世界上最先进的计算机了。

因为这是人类历史上的第一台现代意义上的计算机，所以它的问世，标志着人类从此步入了一个崭新的时代——电子计算时代。

在研制第一台电子计算机的过程中，发生了不少有趣的故事，其中下面这个故事曾让人们津津乐道。

在研制过程中，数学家们时常会遇到一些头疼的问题，每次，他们都会坐在一起对发现的问题进行探讨。有一次，大家又遇到了一个数学难题，于是几个人聚在一起相互切磋，但久久没有结果。其中有一位年轻的数学家，他不想就此作罢，下班之后，他抱着台式机回家，继续进行演算。

第二天早上，那位年轻人非常得意地对大家说："我从昨天夜里开始用计算机算，一直算到凌晨4时30分，终于找到了这道难题的5种特殊解答方式。我的天啊，它们真是一个比一个难！"

就在他说话的那会儿，冯·诺依曼进来了，于是他随口问年轻人："你在说什么，什么一个比一个难？"于是，有人便将那道数学题目讲给冯·诺依曼听，他听后来了兴趣，于是开始皱眉沉思。大概过了5分钟，他便给出了4个正确答案。

眼看冯·诺依曼就要讲出第五个答案，于是那位年轻人赶紧说出了最后一个答案。冯·诺依曼听后愣了一下神，但没有说什么。1分钟后，他才肯定对方的答案："没错，你的答案无疑是正确的。"那位年轻人听后，得意之余，又略显尴尬。在年轻人离开后，冯·诺依曼还是若有所思。

有人问他："你还在想什么？"

冯·诺依曼说："我在想，这个家伙到底用的是什么方法，这么快就算出了答案。"众人听他这么一说，都乐了，随后对他说："他用的是台式计算机，而且算了一个通宵！"冯·诺依曼的眉头这才舒展开来，并释怀地笑了起来。

在研制计算机的过程中，冯·诺依曼发挥了核心作用，并在多个方面表现出了自己的才华。比如，1945年3月，经过与大家的讨论，他执笔起草了《电子离散变量自动计算机设计报告》，虽然这只是一份初稿，但是他在其中明确了三个关键环节：计算机的结构、应用的存储程序和二进制编码方式。这在之后计算机的设计、研究过程中产生了至关重要的作用，即使在今天，计算机的设计者依然没有摆脱对这些结构、存储及编码方式的依赖。

1946年，冯·诺依曼开始深入细致地研究程序编制问题。起初，他对线性代数以及算术的数值计算进行系统研究，随后，将研究重点集中在非线性微分方程的离散化及稳定性方面。接下来，他对自动机理论、一般逻辑理论、自复制系统等展开了深究。据说，在他去世之前，脑子里仍然在想有关天然自动机与人工自动机的问题。

回顾冯·诺依曼的一生，我们会发现，他在计算机领域取得的成就离不开他对数学的钻研，特别是对纯粹数学及应用数学的研究。也正是由于他在研制世界上第一台计算机中发挥的核心作用，所以他被世人誉为"计算机之父"。

第八节　不可不知的中国数学大师

　　介绍了 20 世纪外国的数学的发展情况和一些数学家，现在再来看看同时期我国的数学发展成什么样了。我国又有哪些做出过突出贡献的数学大师呢？

　　我国的近现代数学是从清朝末年民国初期开始的，那时候有很多学生到外国留学。这些人学成之后，大部分选择回到祖国，成了著名的数学家和数学教育家，为我国的近现代数学事业和教育事业做出了重要贡献。

　　在这之前，我国的数学教育还比较落后。这些出国留学的人学成之后回到祖国，使我国的数学教育开始有了好转。全国各地很多大学陆续设立了数学系，其中有北京大学、南开大学、南京大学、清华大学、武汉大学、浙江大学等。

　　20 世纪 30 年代，有一部分人到国外去学习数学，其中就有我们熟知的华罗庚、陈省身等人，他们回国后就成了推动我国现代数学发展的骨干力量。当然，为我国现代数学做出贡献的也不只有中国数学家，一些外国数学家也来到我们国家进行讲学，如英国的罗素、美国的奥斯古德和维纳以及法国的阿达马等人。

1935 年 7 月 25 日，在上海召开了中国数学会成立大会，当时有 33 个人作为代表参加了这个大会。1936 年，中国数学会创办了《中国数学会学报》和《数学杂志》，《中国数学会学报》是学术期刊，而《数学杂志》是普及性刊物，这代表着中国现代数学研究又往前迈了一步。

有很多数学家在数学的不同领域，或取得了令世人瞩目的成果，或做出了开创性的工作，如华罗庚、陈省身、陈景润、苏步青、陈建功、吴文俊等。现在我们来看看这些为我国数学做出贡献的数学大师吧。

一、华罗庚

华罗庚是国际上知名的数学大师，中国科学院院士，创立了"中国解析数论学派"，被誉为"中国现代数学之父"。芝加哥科学技术博物馆中有 88 位当今世界的数学伟人，华罗庚就是其中的一个。

1910 年 11 月 12 日，华罗庚出生于江苏省金坛县。他小的时候就很喜欢动脑子，因为他经常专心思考问题而发呆，所以他的同伴给他起了一个外号叫"罗呆子"。小学的时候，他的老师就发现了他在数学方面的才能。1924 年，华罗庚初中毕业后，进入上海中华职业学校学习，但是因为家里没钱继续供他上学，他上了不到一年就退学了。但华罗庚非常喜欢数学，他开始自学数学。1930 年，华罗庚写了一篇关于代数方程式解法的文章，并在《科学》上发表了。杨武之因这篇文章关注到华罗庚，并邀请他到清华大学工作。从此，华罗庚开始了数论的研究。

华罗庚先生在解析数论方面的研究取得了很大的成就，国际上非常有名的"中国解析数论学派"就是华罗庚创立的。"中国解析数论学派"在质数分布问题和哥德巴赫猜想方面做出了许多重大贡献。另外，华罗庚在多复变函数论、矩阵几何学、典型群方面的研究，领先了西方数学界 10 多年，更是影响到了世界数学的发展。

华罗庚所取得的数学科研成果，并被国际数学界以华氏命名的有："华氏定理"，这是华罗庚研究完整三角和所取得的成果；"嘉当 – 布饶尔 – 华定理"，这是华罗庚给出的体的正规子体一定包含在它的中心之中这个结果的一个简单而直接的证明；"华 – 王方法"，这是华罗庚与王元教授合作提出多重积分近似计算的方法。另外，在国际上以华氏命名的还有"怀依 – 华不等式""华氏不等式"等。

著名的华裔数学家丘成桐给予了华罗庚高度的评价，称他是"难以比拟的天才，是中国的人才"。美国著名的数学家贝特曼也认为华罗庚是"中国的爱因斯坦"，"完全可以领导全世界所有著名的科学院"。

二、陈省身

陈省身是 20 世纪最伟大的微分几何学家之一，被国际数学界称为"微分几何之父"。陈省身曾经在美国加州大学伯克利分校和芝加哥大学当过老师，美国国家数学科学研究所就是他在加州大学伯克利分校任教时主持建立的。

1911 年 10 月 28 日，陈省身出生于浙江嘉兴秀水县。在陈省身还是个孩子的时候，他就非常喜欢数学，而且喜欢独立思考。1922 年，他随他的父亲来到天津。1926 年，他中学毕业，随后进入南开大学数学系学习，大学毕业后又进入清华大学研究院继续深造。1934 年夏天，他在清华大学研究院毕业，获得硕士学位。1943 年，陈省身结合微分几何与拓扑学的方法，完成了两项工作——黎曼流形的高斯－博内一般形式和埃尔米特流形的示性类论，并发表了相关论文。这两项工作都具有划时代的意义。

除此之外，他为了进一步研究微分几何，第一次采用了纤维丛这个概念，发展了微分纤维丛理论，提出了"陈氏示性类"，为大范围微分几何提供了必需的工具。他所引进的"陈氏示性类"和一些方法、工具，已经深入微分几何与拓扑学的范围之外甚至是数学之外的其他领域，成为整个现代数学中的重要组成部分和理论物理的重要工具。

到了晚年，陈省身非常关注中国数学的发展，他为此在天津南开大学创立了陈省身数学研究所，并在 2002 年这一年促成了国际数学家大会在北京召开，这也是国际数学家大会第一次在发展中国家召开。

为了纪念陈省身在数学领域做出的突出贡献，国际数学联盟特别设立了一个国际数学界最高级别的终身成就奖，叫作"陈省身奖"。

三、陈景润

陈景润是华罗庚的学生，数论专家，曾任中国科学院数学研究所研究员，中国科学院学部委员。陈景润的一生可以说只做了一件事，那就是研究"哥德巴赫猜想"。他一直专注于这个领域，取得了非常高的成就，证明了"1＋2"，离"哥德巴赫猜想"即"1＋1"问题非常接近。

1933年5月22日，陈景润出生于福建省闽侯县。陈景润小时候非常内向，但是非常喜欢数学。1948年，他进入福州英华中学读书。有一次，清华大学调来一个数学老师来学校讲课，这个老师叫沈元，非常有学问。沈元老师上课时，讲了一道数学难题："德国有一位数学家名叫哥德巴赫，他提出了一个问题，这个问题是'任何一个大于2的偶数均可表示为两个素数之和'，简称'1＋1'。虽然他提出了这个问题，但是始终没有证明出来，于是他在1742年写信给俄国数学家欧拉，请他帮忙证明这道难题。欧拉看了来信之后，立刻投入计算当中。但是欧拉研究了40多年，直到去世也没有证明出这道难题。之后，哥德巴赫也带着这个遗憾去世了。哥德巴赫猜想看似简单，但是要想证明出来却很难，这道难题吸引了所有的数论专家对它展开研究，都没有取得什么实质性的进展，它也就成了世界数学界的一大悬案……"坐在下面的陈景润听得入了迷，老师说的这个"哥德巴赫猜想"就像吸铁石一样吸引了陈景润。陈景润暗暗下决心，一定要解开这道难题。

为了实现这一愿望，陈景润开始了证明的艰苦历程。他在一个面积不到6平方米的小房间里工作，不管是严寒还是酷暑，他都废寝忘食地潜心研究，计算用的草稿纸数都数不过来。1957年，华罗庚推荐陈景润进入中国科学院数学研究所工作。但陈景润并没有停止自己的脚步，经过10多年的钻研，终于在1965年这一年证明出了"1＋2"，并在第二年发表了论文《表达偶数为一个素数及一个不超过两个素数的乘积之和》。1973 年，他又在《中国科学》上发表了 "1 + 2" 的详细证明，并对 1966 年宣布的数值结果进行了改进。论文的发表立刻引起了数学界的轰动，被认为是哥德巴赫猜想研究上的里程碑。他的这一成果被国际数学界取名 "陈氏定理"，被英国数学家哈伯斯坦和德国数学家黎希特写进了数学教科书中。

法国著名数学大师安德烈·韦伊称赞他："陈景润先生做的每一项工作，都好像是在喜马拉雅山山巅上行走，危险，但是一旦成功，必定影响世人。"

四、苏步青

苏步青是中国著名的数学家、教育家，中国微分几何学派创始人，被誉为 "东方第一几何学家" "数学之王"。

1902 年 9 月，苏步青出生于浙江省平阳县。1919 年，中学毕业后赴日本东京高等工业学校学习机电。1924 年，考入日本东北帝国大学数学系学习了 3 年的数学。1928 年初，苏步青发表了一篇关于一般曲面中四次（三阶）代数锥面的论文，在数学界引起很大的反响。此后，苏步青开始主要研究仿射微分几何方面，并先后在数学刊物上发表了 40 多篇相关论文，有人称他是 "东方国度上空升起的灿烂的数学明星"。

1931 年，他到浙江大学数学系当老师。1937 年日本全面侵华战争爆发后，他带着自己的学生在防空洞里继续仿射微分几何学的研究，取得了一系列在国际上享有很高声誉的重要成果，这时浙江大学微分几何学学派已经开始形成，后来得到了国际的公认。

另外，他对"K展空间微分几何学""一般量度空间几何学"和"射影空间曲线微分几何学"的研究成果在1956年得到了国家的嘉奖。

1978年，计算几何这一新的学科已逐渐在国内兴起。1982年初，苏步青领导成立了全国计算几何协作组，由中国科技大学、中国科学院数学研究所、浙江大学和复旦大学等单位参加，每两年举行一次计算几何的学术会议和学习班，培养了一大批这方面的有用人才，为中国数学走向现代化做出了巨大贡献。

五、陈建功

陈建功是中国著名数学家和数学教育家，中国函数论研究的开拓者之一。与华罗庚、苏步青并称"现代中国数学三大家"。

1893年9月8日，陈建功出生于浙江绍兴。陈建功聪明好学，5岁时就开始读书。1910年，进入浙江两级师范学堂学习，数学是他最喜欢的学科。毕业后，陈建功想以科学富国强民，于是在1913年和1920年，他先后两次到日本深造。1923年，陈建功学成回国后开始教学生涯，先在浙江工业专门学校里教书，第二年又进入国立武昌大学数学系教书。1926年，他第三次到日本留学，进入日本东北帝国大学做博士研究生，深入研究三角级数论，当时三角级数论在国际上正处在研究的全盛时期。陈建功将精力几乎全用在了研究函数论上，取得了重大的突破和成就。

当时有一个很多一流数学家都想解决的问题，就是"如何刻画一个函数能用绝对收敛的三角级数来表示的问题"。陈建功经过刻苦的研究，终于在1928年解决了这个问题，并证明了这类函数就是所谓的"杨氏卷积函数"。他将相关论文发表在日本帝国科学院的院刊上，很巧的是，当时英国著名的数学家哈代和 J.E. 李特伍特也在这一年于英国数学会的会刊上发表了相关论文。

陈建功除了致力于数学研究，还将自己的一生献给了数学教育。他在函数论尤其是三角级数方面取得了突出成就，创立了非常有特色的函数论学派，也叫"陈苏学派"，在国际上的声誉非常高。

六、吴文俊

吴文俊是中国著名数学家、中国科学院院士、数学家陈省身的学生，被授予"人民科学家"国家荣誉称号。

1919 年 5 月 12 日，吴文俊出生于上海。他的家庭是一个书香世家。吴文俊 4 岁就上了小学。从小学到初中，他对数学并不是很感兴趣。上了高中之后，他才逐渐对数学产生了兴趣，尤其喜欢几何。1936 年，吴文俊中学毕业时，校方要保送他去读上海交通大学。吴文俊的家庭生活比较困难，再加上学校提供的奖学金名额限制，他只能报考上海交通大学的数学系。没有办法，就这样他进入了上海交通大学数学系学习。在读大三的时候，他偶然读了一本印度出版的英文著作《代数几何》，就是这本书向吴文俊打开了现代数学的大门，使他真正喜欢上了数学。

吴文俊前半生的研究领域主要集中在拓扑学，他为拓扑学做了奠基性的工作。吴文俊能够进入这一领域进行研究，还是在国际数学大师陈省身的引领下。20 世纪 50 年代，他引进的示性类和示嵌类研究被国际数学界称为"吴示性类"和"吴示嵌类"，他导出的示性类之间的关系式被称为"吴公式",在国际上得到了广泛的应用。他的这一成果被国际数学界公认为20世纪50年代拓扑学的重大突破之一。他的老师陈省身认为他在纤维丛示性类上的研究取得了划时代的成就。

吴文俊后半生的研究领域主要集中在机械化数学方面。20世纪70年代,吴文俊当时在计算机工厂工作,他深切地感受到了计算机的巨大作用,意识到数学必须与计算机结合起来。于是他开始学习计算机语言,从而开创了一个崭新的数学领域——数学机械化领域,并提出了用计算机证明几何定理的"吴方法",这成为当代数学发展中又一个新的里程碑。

吴文俊在拓扑学和数学机械化两个领域所取得的成就,极大地推动了我国数学和计算机科学研究方面的发展。

当然,还有很多数学家也取得了很大的成果,如丘成桐证明了正质量猜想、卡拉比猜想等,为几何分析学做了奠基性工作,为微分几何和数学物理的发展起了推动作用;江泽涵深入研究拓扑学,在不动点理论的研究上取得了非凡的成就,成为我国拓扑学研究的开拓者之一;李俨以大量的史料搜集工作为基础,并在此基础上做了注释整理和考证分析,开创了中国数学史的研究;钱宝琮也是中国数学史研究领域开拓者之一,而且他还是中国天文学史研究领域开拓者之一,因为他认为,数学的发展不可能是孤立的,必然与其他学科,尤其是天文学有着密切的联系。